地表水自动监测系统建设与运行技术要求

中国环境监测总站

《地表水自动监测系统建设与运行技术要求》编写组　编

中国环境出版集团・北京

图书在版编目（CIP）数据

地表水自动监测系统建设与运行技术要求/中国环境监测总站《地表水自动监测系统建设与运行技术要求》编写组编. —北京：中国环境出版集团，2018.9（2023.4 重印）
ISBN 978-7-5111-3832-3

Ⅰ. ①地…　Ⅱ. ①中…　Ⅲ. ①地面水—水质监测系统　Ⅳ. ①X84

中国版本图书馆 CIP 数据核字（2018）第 212041 号

出 版 人　武德凯
责任编辑　赵惠芬
责任校对　任　丽
封面设计　彭　杉

出版发行　中国环境出版集团
（100062　北京市东城区广渠门内大街 16 号）
网　　址：http://www.cesp.com.cn
电子邮箱：bjgl@cesp.com.cn
联系电话：010-67112765（编辑管理部）
发行热线：010-67125803，010-67113405（传真）
印　　刷　北京中科印刷有限公司
经　　销　各地新华书店
版　　次　2018 年 9 月第 1 版
印　　次　2023 年 4 月第 3 次印刷
开　　本　787×1092　1/16
印　　张　14.25
字　　数　253 千字
定　　价　58.00 元

《地表水自动监测系统建设与运行技术要求》编写指导委员会

主　任：柏仇勇　陈善荣

副主任：王业耀　刘廷良　陈金融

委　员：（以姓氏笔画为序）

刘　京　孙宗光　李健军　陈传忠

杨　凯　徐　琳　景立新

《地表水自动监测系统建设与运行技术要求》编写委员会

主　编：姚志鹏　刘　京　杨　凯

副主编：陈亚男　刘　允

编　委：（以姓氏笔画为序）

刘　允　刘　京　刘　喆　孙宗光　李东一

李晓明　陈亚男　杨　凯　姚志鹏

统　稿：刘　允　刘　京

前　言

为了贯彻落实《中华人民共和国环境保护法》《生态环境监测网络建设方案》（国办发〔2015〕56号）《国家生态环境质量监测事权上收实施方案》（环发〔2015〕176号）《关于深化环境监测改革提高环境监测数据质量的意见》（厅字〔2017〕35号）《关于加快推进国家地表水环境质量监测网水质自动监测站建设工作的通知》（环办监测函〔2017〕1762号）《关于进一步做好国家地表水考核断面采测分离和水质自动站建设工作的通知》（环办监测〔2018〕14号）等文件的有关要求，进一步规范地表水自动监测的运行管理及相关技术等工作，提高自动监测数据的质量，特制定本技术要求。

本书含7个文件，内容涵盖了地表水自动监测的运行管理办法，站房及采排水、自动监测站运行维护、自动监测站安装验收等技术要求，水环境监测点位编码规则，自动监测数据审核技术要求和通信协议。

地表水水质自动监测站运行维护技术要求由陈亚男、李东一等编写；地表水水质自动监测站站房及采排水技术要求由刘喆、姚志鹏等编写；地表水水质自动监测站安装验收技术要求、水环境监测点位编码规则和地表水自动监测数据审核技术要求由刘允、李晓明等编写；国家地表水自动监测系统通信协议技术要求和国家地表水自动监测仪器通信协议技术要求由杨凯等组织编写。

由于时间仓促，加之水平有限，书中难免会有不足之处，甚至有失偏颇，恳请读者批评指正。

本系列技术要求的编制得到了水体污染控制与治理科技重大专项《国家水环境监测智能化管理综合平台构建技术与业务化运行示范》项目（2014ZX07502—002）的支持与帮助，特此致谢！

编　者

2018年8月于北京

目　录

地表水水质自动监测站站房及采排水技术要求

1 适用范围

本技术要求规定了国家地表水水质自动监测站（以下简称水站）的选址、站房和采排水建设的具体内容和要求，主要适用于国家水站建设，地方水站建设可参照执行。

2 规范性引用文件

本技术要求内容引用了下列文件或其中的条款。凡是不注明日期的引用文件，其有效版本适用于本技术要求。

《关于印发生态环境监测网络建设方案的通知》（国办发〔2015〕56号）

《关于深化环境监测改革提高环境监测数据质量的意见》（厅字〔2017〕35号）

《国家地表水水质自动监测站文化建设方案》（试行）的通知（环办监测函〔2018〕215号）

GB 3838	地表水环境质量标准
GB 5023	额定电压450～750 V及以下聚氯乙烯绝缘电缆
GB 50057	建筑物防雷设计规范
GB 50303—2002	建筑电气工程施工质量验收规范
GB 50093	自动化仪表工程施工及验收规范
GB 50168	电气装置安装工程电缆线路施工及验收规范
HJ/T 91	地表水和污水监测技术规范
HJ 915	地表水自动监测技术规范（试行）
GB 51022	门式刚架轻型房屋钢结构技术规范
GB/T 2518	连续热镀锌钢板及钢带
GB/T 14978	连续热镀铝锌合金镀层钢板及钢带

GB/T 12754	彩色涂层钢板及钢带
GB/T 12755	建筑用压型钢板
GB/T 5169.7	电工电子产品着火危险试验试验方法扩散型和预混合型火焰试验方法
GB 50016	建筑设计防火规范
GB 50116	火灾自动报警系统设计规范
	地表水自动监测站运行维护技术规范

3 术语及定义

下列术语和定义适用于本技术要求

3.1 地表水水质自动监测站

是指完成地表水水质自动监测的现场部分，一般由站房，采配水、控制、检测、数据采集和传输等全部或者数个单元组成，简称水站。

3.2 固定式水质自动监测站站房

指安装地表水质监测设备的建筑物，其内部设有仪器间、质控间以及生活间等功能区，且满足仪器间面积大于 40 m^2、质控间面积大于 30 m^2、生活间面积大于 30 m^2 等要求，一般是砖混结构，简称固定式站房。

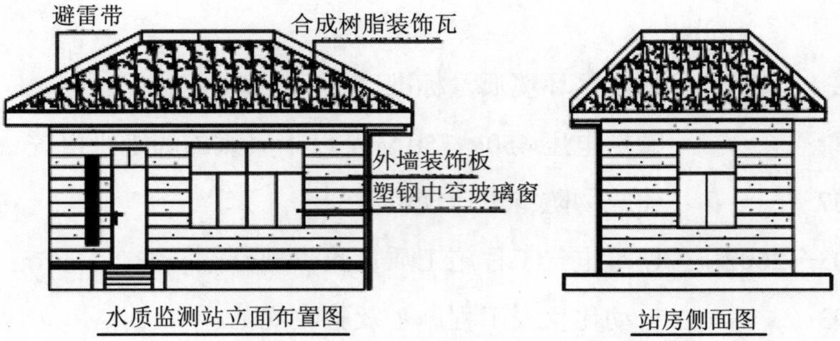

图 1 固定式水质自动监测站站房示意图

3.3 简易式水质自动监测站站房

指安装地表水质监测设备的简易性的建筑物，其内部设有仪器间和质控间等功能区，且满足总面积大于 40 m^2 的要求，简称简易式站房。

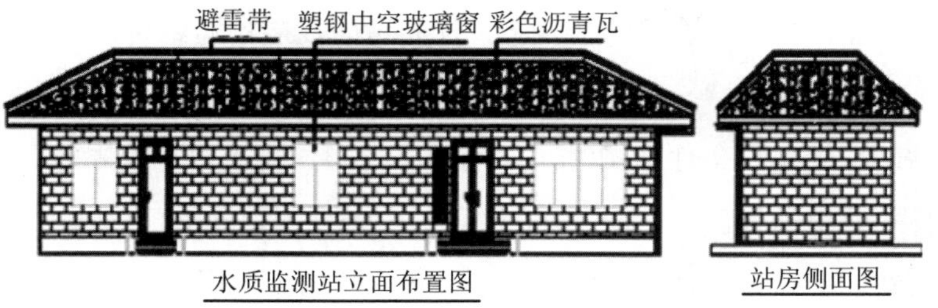

图 2 简易式水质自动监测站站房示意图

3.4 小型式水质自动监测站站房

是指由外箱体、内部金工件及附件装配组成的一种站房，内部一般只能安装一套地表水水质在线监测系统，且满足总面积大于 2 m^2 的要求，简称小型式站。

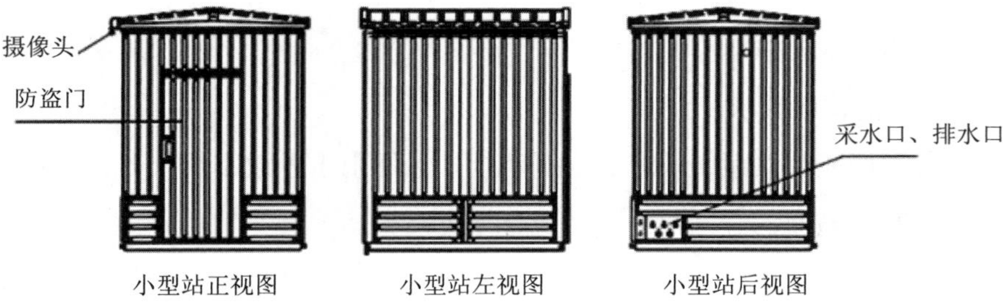

图 3 小型式水质自动监测站站房示意图

3.5 水上固定平台站

指建设在水上利用砖混或者钢结构搭建的平台，能在上面安装一套地表水水质在线监测系统的建筑物。

4 地表水水质自动监测站站房及采排水单元建设

4.1 站房建设要求

4.1.1 站房选址

水站站房建设必须满足建设要求，针对实际情况可因地制宜选择适宜的站房类型。

（1）考虑到固定式站房的功能齐全、面积大、提供的监测环境好等因素，建议优先选择固定式站房。

（2）水站站址能满足站房建设面积要求的，考虑到单层安装设备，硬件的便利性，优先考虑采用单层站房结构。

（3）水站站址存在洪涝隐患的情况下，优先考虑双层站房结构，监测仪器室优先布置在二楼。

（4）水站站址受建设条件影响时，如地基不稳固、受当地规范限制、河道影响等，考虑采用简易式站房结构。

（5）水站站址受建设条件制约，如景区、城区、管制区具体面积等制约，考虑采用小型式站房结构。

（6）水站站址根据建设要求需选定在河、湖中且水深在 10 m 以内的，考虑采用水上固定平台站。

（7）水站站址无法满足供电要求，可考虑采用水上浮标站或水上浮船站。

（8）国界河流（湖泊）水站必须建设固定式站房。

（9）各省建设的水站站房外观和风格应统一，且具有环保部门统一标识。

4.1.2 站房通用技术要求

4.1.2.1 站房辅助设施要求

（1）站房需保证水站系统长期、稳定运行，包括用于承载系统仪器、设备的主体建筑物和外部配套设施两部分。

（2）主体建筑物由仪器室、质控室和值班室（在满足功能需求的前提下，可根据站房实际条件对各室进行调整合并）组成。

（3）外部配套设施是指引入清洁水、通电、通信和通路，以及周边土地的平整、绿化等。

（4）道路：对于固定式、简易式站房，其应有硬化道路，路宽不小于 3.0 m，且与干线公路相通。站房前有适量空地，保证车辆的停放和物资的运输。

（5）地基：对于固定式站房，其采用独立地基，基础持力层为老土层，要求地基承载力特征值为 180 kPa，地面粗糙度为 B 类。而对于小型式、简易式站房，则现场地基应采用混凝土预先浇注，厚度不低于 30 cm。遇软弱地基时做相应的地基处理。

（6）站房外地面要求平整，周围应干净整洁，有利于排水，并有适当绿化，应有防鼠、防虫措施。对于简易式、小型式站房而言，还需在站房外设置防护栅栏，设置门锁何相关警示标志。

4.1.2.2 站房供电要求

（1）供电负荷等级和供电要求应按现行国家标准《供配电系统设计规范》（GB 50052）的规定执行。

（2）水站供电电源使用 380 V 交流电、三相四线制、频率 50 Hz，电源容量要按照站房全部用电设备实际用量的 1.5 倍计算。

（3）电源线引入方式符合国家相关标准，穿墙时采用穿墙管。施工参考《建筑电气工程施工质量验收规范》（GB 50303—2002）。

（4）在监测仪器室内为水质自动监测系统配置专用动力配电箱。在总配电箱处进行重复接地，确保零、地线分开，其间相位差为零，并在此安装电源防雷设备。

（5）根据仪器、设备的用电情况，在 380 V 供电条件下总配电采取分相供电：一相用于照明、空调及其他生活用电（220 V），一相供专用稳压电源为仪器系统用电（220 V），另外一相为水泵供电（220 V）。同时在站房配电箱内保留一到两个三相（380 V）和单相（220 V）电源接线端备用。

（6）系统应配备 UPS 和三相稳压电源，功率应保证突然断电后各自动分析仪能继续完成本次测量周期。

（7）电源动力线和通信线、信号线相互屏蔽，以免产生电磁干扰。

（8）小型站及特殊无法使用市电供电站房平台；供电采用风光互补方式，将风力和太阳能发电产生的电量储存在免维护太阳能胶体蓄电池内。供电设备包括风力发电机、光伏发电板、充电控制器、胶体免维护蓄电池。其电源容量也需大于全部耗电设备实际用量的 1.5 倍以上。

4.1.2.3　站房给水要求

站房应根据仪器、设备、生活等对水质、水压和水量的要求分别设置给水系统。

站房内引入自来水（或井水），必要时加设高位水箱。自来水的水量瞬时最小流量 3 m^3/h，压力不小于 0.5 kg/cm^2，保证每次清洗用量不小于 1 m^3。

4.1.2.4　站房通信要求

固定站房网络通信建设应以光纤/ADSL 有线网络传输为主，现场条件不具备的情况下，可选用无线网络进行传输，站点现场应通过手机等通信设备进行通话测试，通信方式应选择至少两家通信运营商，无线传输网络（固定 IP 优先）应满足数据传输要求及视频远程查看要求，传输带宽不小于 20 M。

水上固定平台通信在没有运营商网络覆盖的情况下，可采用微波中继等辅助传输方式。

4.1.2.5　站房防雷要求

站房防雷系统应符合现行国家标准《建筑防雷设计规范》（GB 50057）的规定，并应由具有相关资质的单位进行设计、施工以及验收。

水站内集中了多种电气系统，需预防雷电入侵的 3 种主要途径，包括电源系统、通道和信号系统、接地系统。

4.1.2.5.1 对于直击雷的防护

采用避雷针是最首要、最基本的措施，完整的防雷装置应包括接闪器、引下线和接地装置。

4.1.2.5.2 电源系统、通信系统的防护

在总电源处加装避雷箱，内装多级集成避雷器。避雷器本身具有三级保护，串接在电源回路中可靠地将电涌电流泄入大地，保护设备安全。

如不用避雷箱，按照分区防护的原则，一般选并联的避雷器，选用通流容量比较大的，作为第一级防护。在总电源进线开关下口加装电源电涌保护器作为电源的一级保护，在稳压器后加装多级集成式电涌保护器。

通信系统防护：对于卫星通信系统，应在馈线电缆进入站房时安装同轴馈线保护器；对于电话线系统，应采用电话线路防雷保护器。利用铜质线缆的数据信号专线，在设备的接口处应加装信号专线电涌保护器，该保护器应是内多级保护，要依据被保护设备传输的信号电压、信号电流、传输速率、线路等效阻抗及衰耗要求，同时考虑机械接口等配置电涌保护器。

地表水自动监测站站内管线选用金属管道、金属槽道或有屏蔽功能的 PVC 塑料管，并且将两端与保护地线相连。

4.1.2.5.3 接地系统

站房内电源保护接地与建筑物防雷保护接地之间要加装等电位均衡器，正常情况下回路内各用自己的保护接地，当某点出现雷击高电压时，两地之间保持等电位。站房内设置等电位公共接地环网，使需要有保护接地的各类设备和线路，做到就近接地。

4.1.2.6 站房安全防护要求

（1）站房耐火等级应符合现行国家标准《建筑设计防火规范》（GB 50016）的规定。

（2）站房与其他建筑物合建时，应单独设置防火区、隔离区。

（3）站房应设火灾自动报警及自动灭火装置；火灾自动报警系统的设计应符合现行国家标准《火灾自动报警系统设计规范》（GB 50116）的规定；配置的自动灭火装置，需有国家强制性产品认证证书。自动灭火装置触发可靠，灭火时间短，灭火干粉对人和仪器无损害，体积美观实用，与站房和仪器系统整体协调。

（4）站房内应至少配置感烟探测器；为防止感烟式探测器误报，宜采用感烟、感温两种探测器组合。

（5）站房内使用的材料需为耐火材料。

（6）站房应设置防盗措施，门窗加装防盗网和红外报警系统，大门设置门禁装置。

（7）抗震：场地地震基本烈度为 7°，抗震按 7°设防，设计基本地震加速为 0.10g，设计特征周期为 0.35 s，设计地震分组第一组，建筑物场地土壤类别为 II 类。

（8）对于水上固定平台的外围一周布设防撞桩，数量不小于 12 根。防撞桩直径应不小于 4 cm，防撞围栏与平台台面的间距应不小于 2 m。

（9）水上固定平台需配备相应的警示标志，以防止非相关人员登陆、靠泊，有行船的水域需配备符合海事规范要求的具有独立太阳能供电的航标灯。

（10）水上固定平台采用的钢结构、围栏、防护栏杆等需采用抗紫外老化、抗锈蚀的材质，金属材质表面应采取热镀锌、刷防锈漆等防锈措施。

4.1.2.7 站房暖通要求

站房结构需采取必要的保温措施，站房内有空调和冬季采暖设备，室内温度应当保持在 18～28℃，湿度在 60%以内，空调为立柜式冷暖两用，功率不低于 2 匹，适用面积不低于 30 m^2，具备来电自动复位功能，并根据温度要求自动运行。在北方寒冷地区应配备电暖气等单独供暖设备，保障室内设备的正常工作。

4.1.2.8 站房装修要求

4.1.2.8.1 仪器室要求

（1）仪器室内地面应铺设防水、防滑地面砖，离地 1.5 m 高度以下铺设墙面砖，并在室内所需位置设置地漏，仪器摆放顺序从远离配电系统可分别为五参数/预处理单元、氨氮、高锰酸盐指数、总磷总氮、其他特征污染物仪器及主控制柜。

（2）监测系统采水和排水：仪器室内预留 30 cm 深地沟，地沟上面加盖板（需便于取放），地沟的地漏和站房排水系统相连。

（3）电缆和插座：配电箱中预留一根ϕ50 聚氯乙烯线管到地沟中，四周墙上预留五孔插座，墙上的五孔插座高于地面不少于 0.5 m。预留空调插座，空调插座距吊顶或顶部 0.5 m。配电箱预留五芯供电线路至自动监测系统控制柜位置。

（4）排风扇：仪器室应安装排风扇，若有吊顶，则可做在吊顶上，电源线引至配电箱中。

（5）站房吊顶：根据站房建设情况可安装吊顶，站房内空高度应在 3.2 m 以上。

4.1.2.8.2 质控室要求

质控室内应至少配有防酸碱化学实验台 1 套和实验凳，台上可以放置实验室对比仪器，配备冷藏柜以便于试剂存放，备有上下水、洗涤台。

（1）实验台：主架采用优质方钢，表面经酸洗、磷化、均匀灰白环氧喷涂，化学防锈处理，台面选用复合贴面板台面、实芯板台面或环氧树脂台面，具备耐强酸碱腐蚀、耐磨性、耐冲击性、耐污染性要求，底座可调节。

（2）洗涤台：主架与台面应与实验台保持一致，洗涤槽采用 PP 材料，水龙头采用两联或三联化验水龙头，底座可调节。

（3）上水：水管采用 PP-R 材质，热熔连接，不渗漏。

（4）下水：实验区排水全部采用防腐蚀耐酸碱材质（PP），达到排水不渗漏不腐蚀。

（5）插座：实验台处预留至少 2 个五孔插座。

（6）冷藏柜：应配备冷藏容量不小于 120 L 的冰柜一台。

4.1.2.8.3 值班室要求

值班室主要用于站房看护人员使用，一般不小于 30 m^2。值班室应配备一台空调、值班用办公桌椅若干。考虑工作人员在水站工作的方便，建议修建卫生间（厕所）。其他设施可根据需要考虑。

4.1.2.9 视频监控单元技术要求

视频监控单元由前端系统、传输网络和监控平台三部分组成，可远程监视水质自动监测站内设备（采水单元、自动监测分析仪器、供电系统、数据采集及传输系统等）的整体运行情况，观察取水工程（取样水泵、浮台等）工作状况，水站周边的水位、流量等水文情况，同时也可观察水站院落、站房、供电线路等周边环境。其中，前端系统主要对监控区域现场视音频、环境信息、报警信息等进行采集、编码、储存及上传，并通过客户端平台预置的规则进行自动化联动；传输网络主要用于前端与平台、平台之间的通信，确保前端系统的视音频、环境信息、报警信息可实时稳定上传至监控中心；监控平台主要用于对监控设备的控制和满足用户查看环境信息、视音频资料。视频监控传输需满足《安全防范视频监控联网系统信息传输、交换、控制技术要求》（GB/T 28181—2011）。

4.1.2.9.1 视频监控单元功能要求

（1）实时监控功能：可实现 24 h 不间断监控，实时获取监控区域内清晰的监控图像。

（2）云台操作功能：可实现全方位、多视角、无盲区、全天候式监控。

（3）录像存储功能：支持前端存储和中心存储两种模式，既可通过前端的视音信号接入视频处理单元存储数据，满足前端存储的需要，供事后调查取证；也可通过部署存储服务器和存储设备，满足大容量多通道并发的中心存储需要。

（4）语音监听功能。

（5）远程维护功能：可通过平台软件对前端设备进行校时、重启、修正参数、软件升级、远程维护等操作。

4.1.2.9.2 前端视频监控设备布设要求（对于小型式站房、水上固定平台，需满足实时监控取水口、进门处、仪器设备即可，监控数量不作要求）

（1）站房外取水口：安装在靠近取水口岸边，并考虑 50 年一遇的防洪要求，用于监控取水口及站房周边情况。监控设备可水平 360°旋转，竖直 0～90°旋转。

（2）站房进门处：安装在站房大门附近墙壁上，用以监控人员进出站房情况。监控设备应配置枪机，固定监控视角。

（3）站房仪表间：安装在集成机柜正面墙壁上，用于监控仪表间内部设备运行情况。监控设备可水平 360°旋转，竖直 0～90°旋转。

4.1.2.9.3 前端视频监控设备技术要求

（1）网络红外球形摄像机：球机带云台，可水平 360 度旋转，竖直 0～90 度旋转；带红外，支持夜间查看。

（2）高清网络录像机：应选用可接驳符合 ONVIF、PSLA、RTSP 标准及众多主流厂商的网络摄像机；支持不低于 200 万像素高清网络视频的预览、存储和回放；支持 IPC 集中管理，包括 IPC 参数配置、信息的导入/导出、语音对讲和升级等；支持智能搜索、回放及备份。

4.1.3 站房类型

4.1.3.1 固定式站房

4.1.3.1.1 基本要求

国家地表水自动监测站站房建设原则上优先采用固定式永久性站房设计，以保证国家地表水自动监测站的长久稳定运行；站房包括用于承载系统仪器、设备的主体建筑物和外部配套设施两部分。主体建筑物由仪器室、质控室和值班室组成。外部配套设施是指引入清洁水、通电、通信和通路，以及周边土地的平整、绿化等。

4.1.3.1.2 站房结构技术要求

（1）站房结构应为混凝土框架结构，站房主体结构应具有耐久、抗震、防火、防止不均匀沉陷等性能。

（2）站房式样：站房外形的设计因地制宜，外观美观大方，结构经济实用，在风景区应和周边景物协调一致。

（3）站房高度：根据当地水位变化情况而定，站房地面标高（±0.00）能够抵御 100 年一遇的洪水，站房内净空高度不小于 3.2 m。

（4）抗风等级：原则上应满足 12 级台风要求，根据当地气象条件可适当调整。

（5）站房周围可建围墙、护栏或护网。

（6）站房基础：站房周围应使用混凝土或其他材料对地面进行硬化。

（7）站房外地面要求平整，周围应干净整洁，有利于排水，并有适当绿化，应有防鼠、防虫措施。

（8）门窗：合理布置 80 系列中空推拉塑钢窗，要求表面洁净，密封胶表面平整光滑，厚度均匀，窗内侧加纱窗，外侧加不锈钢防盗网，并保证牢固，仪器室靠近摆放仪器一侧墙面严禁布置窗户。采用成品防盗门，画线，立门框，安装门扇附件，必须符合设计要求，保证牢固。

（9）环保要求：在设计、施工上加强环保节能意识，使其对环境的不利影响降到最低。

4.1.3.2 简易式站房

4.1.3.2.1 基本要求

简易式站房可将监测仪器室和质控室合并建设，包括用于承载系统仪器、设备的主体建筑物和外部配套设施两部分。主体建筑物满足自动监测系统运行所需要求。外部配套设施是指引入清洁水、通电、通信和通路，以及周边土地的平整、绿化等。

4.1.3.2.2 站房结构技术要求

（1）站房主体符合现行国家标准《门式刚架轻型房屋钢结构技术规范》（GB 51022），实际尺寸不低于 40 m^2，可抗七级以下地震。

（2）钢架、吊车梁和焊接的檩条、墙梁等构件宜采用 Q235B 或 Q345A 及以上等级的钢材。非焊接的檩条和墙梁等构件可采用 Q235A 钢材。如地方有相关规定或特殊要求，门式刚架、檩条和墙梁可采用其他牌号的钢材制作。

（3）用于围护系统的屋面及墙面板材应采用符合现行国家标准《连续热镀锌钢板及钢带》（GB/T 2518）、《连续热镀铝锌合金镀层钢板及钢带》（GB/T 14978）和《彩色涂层钢板及钢带》（GB/T 12754）规定的钢板，采用的压型钢板应符合现行国家标准《建筑用压型钢板》（GB/T 12755）的规定。

（4）站房内部进行隔热保温处理，夹层采用防火隔热的岩棉，地板铺设防滑花纹钢板、防滑地砖、防水专用地板胶。

（5）站房设置仪器工作区、质控区，用于自动监测系统的安放以及简易实验台的安装。

（6）站房前端设置可开合的透气百叶窗，站房侧面设置通风换气窗。

（7）站房内应配置 1 m 长的工作台，满足日常办公需要。

（8）道路：通往国家地表水自动监测站应有硬化道路，路宽不小于 3.0 m，且与干线公路相通。站房前有适量空地，保证车辆停放和物资运输。

4.1.3.3 小型式站房

4.1.3.3.1 基本要求

小型式站房属于一体化站房，具有用地面积更小，安装方便等特点。在用地面积不具备固定式站房同时也无法建立 40 m^2 的简易式站房时可考虑小型式站房。小型式站房需满足水质自动监测系统所需主体建筑物和外部配套设施要求，外部配套设施是指引入清洁水、通电、通信和通路，以及周边土地的平整、绿化等。

4.1.3.3.2 站房结构技术要求

（1）小型式站房由外箱体、内部金工件及附件装配组成。

（2）具有密闭性能、防水防冲击性能，整体防护等级达到 IP54 以上。

（3）具有耐腐蚀性能：外表面喷塑或喷涂专用防锈漆。

（4）内部进行隔热保温处理，夹层采用防火隔热的岩棉。

（5）预留给、排水口，方便监测水样和自来水供给及站房废水排放。

（6）外壳材料采用 2 mm 热浸锌板或者不锈钢板。

（7）表面处理：热浸锌板需脱脂、除锈、防锈磷化（或镀锌）、喷塑。

（8）机柜承重不低于 600 kg。

（9）阻燃：符合现行国家标准《电工电子产品着火危险试验试验方法扩散型和预混合型火焰试验方法》（GB/T 5169.7）实验 A 要求。

（10）绝缘电阻：接地装置与箱体金工件之间的绝缘电阻不小于 2×104 M/500 V（直流电）。

（11）耐电压：接地装置与箱体金工件之间的耐电压不小于 3 000 V（直流电）/min。

（12）机械强度：各表面承受垂直压力大于 980 N，门打开后最外端承受垂直压力大于 200 N。

（13）设置前门及后门，前后均可维护，具备防盗功能。

（14）配置集成空调，自动调节内部温度，满足系统及仪表对温度的要求。

（15）站房的供电具有太阳能供电功能。

4.1.3.4　水上固定平台站

4.1.3.4.1　基础要求

（1）平台面积：根据自动站建设要求，平台使用面积不小于 50 m^2，根据实际使用需求选择合适的方形或圆形台面。

（2）支撑结构：桩基采用直径大于 40 cm 的钢筋混凝土预制管桩或浇筑桩，数量不小于 9 根，通过机械打桩或现场浇筑的形式固定竖立于水中，桩基应深入硬质底层以下至少 2 m。

（3）平台台面可以采样钢结构材质或者采用混凝土浇筑结构等，台面承重强度要求不低于 200 kg/m^2。

（4）楼梯：平台需设置上下用的楼梯，最下一级应低于建设位置的历史最低水位。楼梯采用钢结构或混凝土结构，宽度不低于 30 cm，长度不低于 60 cm，承重强度要求不低于 200 kg/m^2。

（5）平台和楼梯应设立防护栏杆，高度不低于 1.2 m，需采用金属材质，直径不小于 4 cm。

（6）平台台面下表面应高于汛期最高水位 0.5 m 以上，以防平台被淹没。

（7）水上平台可抗 12 级台风，使用寿命不小于 10 年。

4.2　采排水单元建设要求

4.2.1　采水通用要求

4.2.1.1　采水点位要求

根据断面的功能确定其水质代表性，监测的结果能代表监测水体的水质状况和变化趋势。监测断面一般选择在水质分布均匀，流速稳定的平直河段，距上游入河口或排污口的距离不少于 1km，选择在原有的常规监测断面上，以保证监测数据的连续性。

为了减少采水点位局限性对水质自动监测结果的影响，保证采水设施的安全和维护的方便，采水口位置应满足以下条件：

（1）采水点水质与该断面平均水质的误差不得大于 10%，在不影响航道运行的前提下采水点尽量靠近主航道；

（2）取水口位置一般应设在河流凸岸（冲刷岸），不能设在河流（湖库）的漫滩处，避开湍流和容易造成淤积的部位，丰、枯水期离河岸的距离不得小于 10 m；

（3）为了保证水力交换良好，河流取水口不能设在死水区、缓流区、回流区；

（4）取水点与站房的距离一般不应超出 100 m；

（5）枯水季节采水点水深不小于 0.5 m，采水点大流速应低于 3 m/s，有利于采水设施的建设和运行。

4.2.1.2 采水技术要求

采水单元的功能是在任何情况下确保将采样点的水样引至站房仪器间内，并满足配水单元和分析仪器的需要。采水单元一般包括采水构筑物、采水泵、采水管道、清洗配套装置和保温配套装置。

采水单元应结合现场水文、地质条件确定合适的采水方式，符合《地表水和污水监测技术规范》（HJ/T 91），保证运行的稳定性、水样的代表性、维护的方便性。

（1）采水单元一般包括采水构筑物、采水泵、采水管道、清洗配套装置、防堵塞装置和保温配套装置。

（2）采样装置的吸水口应设在水下 0.5～1 m 范围内，并能够随水位变化适时调整位置，同时与水体底部保持足够的距离，防止底质淤泥对采样水质的影响。做到既能保证采集到具有代表性的水样，又能保证采样单元能连续正常运行。

（3）采水系统应具备双泵/双管路轮换功能，配置双泵/双管路采水，一备一用；可进行自动或手动切换，满足实时不间断监测的要求。

（4）采水管道应具备防冻与保温功能，采水管道配置防冻保温装置，以减少环境温度等因素对水样造成影响。

（5）采水管道材质应有足够的强度，可以承受内压，且使用年限长、性能可靠、具有极好的化学稳定性，不与水样中被测物产生物理和化学反应，避免污染水样。

（6）采水管道应具有防意外堵塞和方便泥沙沉积后的清洗功能，其管路采用可拆洗式，并装有活接头，易于拆卸和清洗。

（7）采水管道应有除藻和反清洗设备，可以通入清洗水进行自动反冲洗。通过自动阀门切换可以将清洗水和高压振荡空气送至采样头，以消除采样头单向输水运行形成的淤积，以防藻类生长、聚集和泥沙沉积。

（8）采水单元不能明显影响样品监测项目的测试结果。排水点须设在样品水的采水点下游 20 m 以上的位置。

4.2.1.3 采水设备要求

4.2.1.3.1 采水泵

（1）水泵选择的基本原则一般选用清水潜水泵；当监测水体浊度过大时，应选择污水潜水泵。当取水头位置与站房的高差小于 8 m 或平面距离小于 80 m 一般选用离心泵或自吸泵，否则应选用潜水泵。应综合考虑采水单元采水泵的选择，需满足水质监测系统运行所需水量、水压，根据现场采水距离、水位落差配置相应功率的采水泵。

（2）采水泵功能要求输水压力要求：压力设计要充分考虑现场的采水距离和扬程落差，应保障水样顺利输送到站房内，还要留有一定的余量，同时采样管的水压不低于 0.5 MPa。

输水量要求：根据系统正常上水的要求，泵的供水量宜为 1～4 t/h。

性能特点：选用的材质应适应使用环境需要，应具备防腐、防漏等性能。

4.2.1.3.2 采水管道

采水管道材质应有足够的强度，可以承受内压和外载荷，具有极好的化学稳定性、重量轻、耐磨耗和耐油性强。

（1）采水管路设计采水单元采用双泵双管路配置设计（潜水泵或离心泵），一用一备，满足实时不间断监测要求，并在控制单元中设置自动诊断泵故障及自动切换泵工作功能。采水管路配有管道清洗、防堵塞、反冲洗等设施，并在取水管道设有压力监控装置，控制单元通过该装置实时监控采水单元的运行状态。

（2）采水管路清洗设计采水管路清洗设计应具有管道反冲洗和自动排空管道功能，采水完成后系统自动排空管道并清洗，清洗过程不对环境造成污染。除藻装置可以定期自动或手动操作，配合清洗水和压缩空气，通过控制总管路及配水管路的电动阀门，可分别对外部采水管路和内部配水进行反冲洗，以防止管路堵塞，并达到对管路的除藻作用。

（3）管路铺设为保证水管、线管等管路施工操作方便，开挖宽度不小于 0.5 m，深度一般不小于 0.5 m，冰冻地区开挖深度应满足当地防冻深度需求，管路预埋在开挖渠内靠站房并高于河涌一侧，且中间渠内无 U 字形地平。采水管、线预埋件从站房布设至采水点岸边，采用两组镀锌钢管（管径 DN100，厚度 3.5 mm 及以上）作为保护套管，对部分深度不满足要求的，管路两头终端进出接头处采用防冻材料保护，同时管道上层做好防误挖保护（如砖块、预制块）。管路铺设后应保证水路通畅无泄漏，电路接头安全可靠并做防水处理，采用细土缓慢回填至管路上方并轻度夯实；回填后对管路施工铺设处做好施工警示，防止其他施工误挖，保证管路使用安全。

（4）管路材质要求根据现场具体情况建设适应当地条件的采水管路使用三型聚丙烯或硬聚氯乙烯材质，耐用、耐热、耐压、环保。

4.2.1.3.3 保温、防冻、防压、防淤、防藻要求

（1）保温要求可根据保温层材料、保护层材料及不同条件和要求，选择不同的隔热结构。保温结构具有足够的机械强度以防止压力损坏，结构简单、施工方便、易于维修、拥有良好的防水性能等特点。

（2）防冻要求采水管路布设分为地面段和埋地段。地面段管路通过外层敷设伴热带和保温棉实现保温和防冻功能；埋地段管路通过将管路敷设于当地冻土层以下，对管路起到防冻作用；也可采用深埋和排空方式。在采水管道经过水面冰冻层的一段，应安装电加热保温层，并有良好的防水性能。

（3）防压要求过路段管路应将管路敷设于预留的管线地沟内，上部设置水泥盖板防止人为踩踏；埋地管路置于镀锌钢管内。

（4）防淤、防藻要求确保采水管道铺设平滑并具有一定坡度，尽可能减少弯头数量，避免管道内部存水。在系统设计时，设置反冲洗装置，以防止淤泥沉积和藻类聚集。

4.2.1.4 安全措施

在航道上建设采水构筑物应能长期稳定安全运行，可通过在采水构筑物周围设置红色浮球防护圈，并设置航标灯以实现安全保护功能。浮球及取水部件既要减少影响航运，又能保护自身安全，特别是采水单元，应设置防撞和防盗措施，具体可在浮球顶端设置标准航标灯，并安装视频监控装置，实时监视取水口状态。

4.2.2 采水单元设施的基本类型和特点

在采水单元设施建设中，应因地制宜采取不同的采水方式。根据不同采水方式的结构特点可分为栈桥式采水、浮筒/船/浮标式采水、悬臂式采水、浮桥式采水、拉索式采水等。

4.2.2.1 栈桥式采水

栈桥式采水装置尽可能设置在与河堤平齐位置，由采水导杆、采水浮筒、采水管线、升降电机、钢索和水泵组合成采水装置，采水装置铺设河道位置既不能影响航道又能保障采水正常，示意图见资料附录 2 图 5。

（1）栈桥为钢结构或混凝土结构，栈桥建设尤其是基础建设需牢固可靠，支撑立柱间距不超过 5 m，保证能防止 50 年一遇的洪水；

（2）护栏高度不低于 1.2 m，护栏为 DN50 钢管；

（3）栈桥宽度 1 m 以上，桥面采用防滑钢板或做防滑处理；

（4）栈桥在堤岸的一端若距地面较高，应设计为台阶并加装扶手与护栏连接，方便工作人员上下；

（5）护栏临堤岸一端设计安装向护栏内方向开启的活动门，并加锁防止外人擅自进入；

（6）栈桥前端加装警示灯，在栈桥醒目位置设有“注意安全”和“非工作人员不得入内”等警示标志。

4.2.2.2 浮筒式采水

浮筒式采水装置尽可能设置在与站房平齐位置，由采水浮筒、采水管线、船锚、钢索和水泵组合成采水装置。浮筒上方安装有警示标志，采水装置铺设河道位置既不能影响航道又能保障采水正常，示意图见资料附录 2 图 6。

浮筒采用不锈钢骨架，玻璃钢表面材质制造，浮筒上有 2 个根据潜水泵直径和深度设计的圆柱空间，水泵维护时可以打开防盗锁轻易地将水泵取出，而不必移动浮筒，采水安装平台两边各设圆柱导轨，插入水中，采水浮筒可沿导轨上下浮动，无论水位如何变化，采水浮筒均保证采水深度始终保持在水面以下 0.5～1.0 m，保证在汛期和枯水期能正常工作而不会损坏，设有必要的保温防冻防腐防淤，防撞及防盗措施。并对采水设备及设施进行必要的固定。

4.2.2.3 悬臂式采水

悬臂式采水装置由采水浮标、采水导杆、采水管线水泥墩子、钢索和水泵组合而成，采水浮筒和采水导杆通过钢索连接保证采水装置不会因水流速而被冲走，示意图见资料附录 2 图 7。

采水导杆采用镀锌钢管，一端连接河岸浇筑混凝土墩子，连接方式采用万向连接器连接，保证悬臂能随水位变化而转动，左右采用钢索牵引，另一端连接采水浮标，潜水泵在浮标下随水位上下浮动，保持取水在水下 0.5～1 m 的位置。

浮标上方安装有警示标志，采水装置铺设河道位置既不能影响航道又能保障采水正常。

4.2.2.4 浮桥式采水

浮桥式采水装置由基础柱、钢索、浮桥、采水浮筒采水管线和采水泵进行组合而成。采水浮桥采用高分子量高密度聚乙烯材料制作的六边水上浮筒拼接而成，每平方米的 100%负载浮力可达 350 kg 以上，示意图见资料附录 2 图 8。

浮桥随水位变化上下自由浮动。采水浮桥上安装警示标志，浮桥采水装置建设河道位置既不能影响航道又能保障采水正常。

4.2.2.5 拉索式采水

此取水方式可用于取水点所在地河岸陡峭、水流较急的无通航断面，示意图见资料附录 2 图 9。

拉索式采水装置由基础立柱、钢索、滑轮、牵引电机、采水浮筒、采水管线和采水泵组合而成。

综合考虑了现场常规取水困难，水流湍急，水位常年变化较大、取水设施不易安装等特点，通过在河岸两岸浇筑基础立柱，两个立柱之间架设钢索，安装滑轮导索，滑轮导索一端连接牵引电机，另一端连接采水浮筒，潜水泵在浮筒内随水位上下浮动，保持取水在水下 0.5～1 m 的位置，采水浮筒通过牵引电机，沿着钢索在采水断面的移动，能实现对整个断面任何采水点进行采样，保证了取水点的取水可能性。这样的采水方式，有效隔离了杂草等干扰因素。潜水泵配备过滤罩，避免了被颗粒物和水中生物进入阻碍泵体叶片运转等问题；潜水泵同时中间进水的设计，也避免了於塞。

4.3 排水技术要求

站房的总排水必须排入水站采水点的下游，排水点与采水点间的距离应大于 20 m。各类试剂废水按照危险废物管理要求，单独收集、存放和储运，并统一处置。

站房内的采样回水汇入排水总管道，并经外排水管道排入相应排水点，排水总管径不小于 DN150，以保证排水畅通，并注意配备防冻措施。排水管出水口高于河水最高洪水水位的，设在采水点下游。站房生活污水纳入城市污水管网送污水处理厂处理，或经污水处理设施处理达标后排放，排放点应设在采水点下游。

特殊区域因地理环境等因素不能直排的可建设防渗漏渗井。

5 地表水水质自动监测站站房及采排水单元验收

5.1 站房及采排水单元验收

5.1.1 总体要求

地表水自动监测站站房及采排水验收根据建设要求进行功能检查、技术参数检查。检查报告模板见附件《地表水水质自动监测站站房检查表》《地表水水质自动监测站采水设施检查表》。

5.1.2 验收程序

5.1.2.1 验收申请

当水站完成站房建设和采排水单元建设后可申请验收。当水站站房重新装修或采水单元发生重大调整应重新申请验收。

5.1.2.2 验收检查

验收当日按照验收内容的资料清单进行现场检查，并对部分项目进行抽查。

5.1.3 验收内容

（1）责任环境保护行政主管部门出具的地表水水质自动监测站点位论证报告；

（2）站房建设图纸；

（3）采水设施施工图纸；

（4）站房防雷接地检测报告；

（4）固定资产登记表；

（5）地表水水质自动监测站站房检查表；

（6）地表水水质自动监测站采水设施检查表。

6 地表水水质自动监测站站房采排水单元运行维护

6.1 站房运行维护

6.1.1 总体要求

地表水水站自动监测站站房运行维护包括例行维护、保养检修与维护记录等。

6.1.2 维护要求

6.1.2.1 例行维护

例行维护包括站房基础设施检查、配套设施检查。运维维护主要是定期对水站站房及配套设施进行巡检检查，巡检检查频次不得低于每周一次，并记录巡检检查情况。每次对水站巡检检查时进行以下工作：

检查站房基础设施，检查站房设施完整性及状况（周边环境、站房主体、门窗密闭、站房外观、供电线路、光纤线路、供水设施情况等）。

检查站房配套设施情况，主要包括：安防设备、照明设施、消防系统、室内设备供电单元、室内温控单元、室内外监控单元、化验设施、生活设施等。

6.1.2.2 保养检修

根据地表水水质自动站站房外部环境状况，在规定的时间对站房基础设施进行预防性的检查、维修。站房保养检修工作不能够影响到水质自动站正常运行。水质自动站站房保养检修根据情况每年不低于一次进行检修。主要工作如下：

（1）检查站房避雷设施情况，避雷设施根据情况进行防锈处理。每年进行一次防雷检测。

（2）检查站房屋顶防水情况，根据实际情况进行防水修缮。

（3）检查站房主体结构情况。

（4）检查站房仪器间排水槽情况。

（5）检查水塔工作运行情况，并对水泵进行养护或者更换。

（6）做好保养检修工作记录，重要的工作内容拍照留档。

6.1.3 记录

在自动站监测系统运行中，例行维护、保养检修等进行记录，保证涉及更新工作内容的记录完整、全面、准确。对出现的问题和处理描述需翔实、连续、有结论或有处理的结果。

6.2 采排水单元运行维护

6.2.1 总体要求

地表水水质自动监测系站采排水单元运行维护包括例行维护、保养检修、故障检修、停机维护与维护记录等。

6.2.2 维护要求

6.2.2.1 例行维护

例行维护包括采样环境检查、采样设备检查、采样设施检查、管路线路检查、排水系统检查、供电检查等工作。定期对水站采排水单元进行例行巡检检查，其中例行巡检检查分为周、月、季进行，并填写相应维护记录。

周巡检每次对水站巡检检查时进行以下工作：

维护对象	检查维护内容
采样点	①检查周边环境，清除周边杂物 ②检查采样点断面情况 ③检查采样深度是否具有代表性
采样设备	①检查水泵工作状态 ②检查泵体清洁、内部风叶运转情况
采样装置	①检查采样设施是否正常，主要检查采样浮船、采样浮筒、采样浮标、采样栈桥、采样装置（悬臂式、浮桥式、拉索式）工作情况 ②检查采样设施铭牌、警示装置等设施的固定情况和完整情况
系统供电	检查系统控制柜水泵供电线路是否正常、接地线是否可靠
排水设施	①检查站房仪器间地槽排水情况 ②检查站房外排水管路出水情况

月巡检每次对水站巡检检查时进行以下工作：

维护对象	检查维护内容
采样设备	①检查水泵电线路连接情况，检查水泵连接情况 ②如水站采用单泵运行，则每月通过系统操作更换使用水泵
采样管线	①检查采样点水泵与管线连接处是否异常（管路打折、裸露、保温设施等情况，线路裸露、破损等情况） ②检查采样点到站房之间采样管路与供电线路周边情况
水样误差	①根据断面水质情况，每月对采样点水质与预处理沉砂池水质进行误差值测试。数据记录在附录 C 表 5《地表水水质自动站采样系统误差比对记录表》 ②超出断面所要求的水质误差范围需对采样管路及采样设备进行维护。误差值满足要求后，此次采水部分维护合格
关键参数检查	①根据采水技术要求，每月对采水单元的关键参数水压、水量进行测试，测试记录在附录 C 表 6《地表水水质自动站采水单元关键参数测试记录表》

季巡检每次对水站检查时进行以下工作：

维护对象	检查维护内容
采样装置	清洗采样浮船、采样浮桶、采样浮标、栈桥采样吊桶
采样管线	检查采样管路及备用管路情况，并对管路进行反冲洗
排水管路	检查站房到排水点之间管路情况

6.2.2.2　保养检修

根据地表水水质自动站采排水设施及管线的环境状况，在规定的时间对采排水设施、管线、设备进行预防发生的检修。站房应配备足够的备品备件，在保养检修期间不能影响地表水水质自动站监测设备的运行，水质自动站采排水单元设施每年至少进行 4 次保养检修。

（1）维护采水设施外观，栈桥设施的加固；悬臂式、浮桥式、拉索式日常保养。

（2）检修采样水泵工作状态，保养检修连接线路接口的防水工作、水泵与管路接口固定。

（3）保养维护地埋采样管路、采样线路维修井。保养维护架空采样实施固定部件。

（4）做好保养检修工作记录，重要的工作内容拍照留档。

6.2.2.3　故障检修

故障检修是指对出现故障的采排水单元进行针对性检查和维修。

（1）根据采排水单元实际情况，制定常见故障的判断和检修的作业指导书。

（2）对于能够诊断明确，且可通过更换备件解决的问题（如水泵损坏、泵管破裂、管路堵塞、供电线路破损等问题），应及时更换及维修。

（3）水质自动站应备有日常维修所使用的耗材和备件。

（4）对要影响到水站监测数据的故障检修，应做好故障检修工作的汇报及维修计划。

（5）做好故障检修的工作记录，重要的工作内容拍照留档。

6.2.2.4 停机维护

短时间停机（停机时间小于 24 h），对采样水泵断电处理即可，再次运行时应检查采样单元运行情况。

长时间停机（连续停机时间超过 24 h）：对系统控制柜内部采样水泵供电线路进行断电拆除，并排空配水单元水样。再次运行时应重新连接水泵供电线路，检查采样管路工作情况。

6.2.3 记录

在自动站监测系统运行中，对采排水单元例行巡检、检修维护、故障维护、停机维护等进行记录，保证涉及更新工作内容的记录完整、全面、准确。对出现的问题和处理描述需翔实、连续、有结论或有处理的结果。

7 建设质量保证与质量控制

7.1 质量目标

在施工过程中，将严格按照国家现行施工质量验收标准进行质量控制，确保单位工程一次验收合格率 100%。

7.2 质量保证

（1）选择有技术资质的设计、承建单位；

（2）有设计图纸、施工方案和技术措施；

（3）选择合格的材料或半成品（带质检报告）；

（4）有关键工序质量检验报告；

（5）如有设计变更、修改图纸，需设计方核定；

（6）有质量问题的处理报告；

（7）有隐蔽工程的检验报告。

7.3 质量控制

项目质量控制是指审核有关技术文件、报告、报表或直接进行现场检查，包括但不限于下列内容：

（1）审核有关技术资质证明文件；

（2）审核设计图纸、施工方案和技术措施；

（3）审核有关材料、半成品的质量检验报告；

（4）审核关键工序的质量检验报告；

（5）审核设计变更、修改图纸的核定单；

（6）审核有关质量问题的处理报告；

（7）审核隐蔽工程的检验报告；

（8）现场检查是否按设计要求、施工方案、技术措施严格执行。

附录 A　验收检查表

表 1　地表水水质自动监测站站房检查表

站点名称：　　　　　　　　　　检查单位：　　　　　　　　检查时间：

检查内容	检查项目名称	技术要求	是否符合要求（是打 √，否打×）	备注
监测站房要求	基本情况	是否进行站点论证，并出具论证报告		
		是否为固定式水站，如不是请说明原因		说明：
		站房建设应委托有资质的施工单位负责施工，提供建设合同及设计图纸		
		站房能抵御 100 年一遇的洪水，同时能提供站房与被测河道（湖库）位置平面示意图		
		提供和审核水站系统的避雷和地线设计图纸，并提供资质单位的具体检查和检测报告		
	面积	固定式水站仪器间面积≥40 m^2，净高≥3.2 m		
		固定式水站安装仪器的单面连续墙面的净长度≥8 m		
		固定式水站质控间面积≥30 m^2		
		固定式水站值班室面积≥30 m^2		
		简易式站房面积≥40 m^2，是否配置质控室		
	结构	水站为砖房的，使用年限应满足至少 50 年，抗震基本烈度为 7 度		
		水站为结构房的，钢板厚度≥1 mm，主体结构的中间夹层的保温板厚度≥50 mm		
	安全	站房外应设有院墙或一定的防护设施		
		站房应设火灾自动报警及自动灭火装置，灭火范围应能覆盖所有设备；配置的自动灭火装置，需有国家强制性产品认证证书		
		站房采用烟感和温感探测器		
		站房应设置防盗措施，门窗加装防盗网或红外报警系统		
		站房大门设置门禁装置		
	周围环境	站房周围水泥地面、平整干净、利于排雨水，适当绿化		
	站房内部配置	应在站房指定位置预留进样水管口和排出水水管口、自来水管手阀接口		
		仪器间应留有 300 mm×300 mm 的地沟，地沟上需加盖板		

检查内容	检查项目名称	技术要求	是否符合要求（是打√，否打×）	备注
监测站房要求	站房内部配置	预留地线汇流排或接地箱		
		潜水泵电缆线和进样水管同时从预留进样水管口引入仪器间		
		质控间配置不小于 120 L 的冷藏柜一台		
		质控间配置 1.5～2 m 长的防酸碱试验台、洗涤台及 4 个实验凳		
		仪器间应配置办公桌椅及文件柜一套		
		站房前端设置可开合的透气百叶窗，站房侧门设置通风换气扇		
		室内地面应可以防水、防滑，最好铺设防滑地面砖，应留有地漏和排水系统相连		
道路	路况	与干线公路相通，通往水质自动监测站应有硬化道路，路宽≥3 m，站房前有适量空地停放车辆		
暖通	空调	根据仪器房间面积选择，固定站一般使用 2 匹以上冷暖空调		
		空调具有来电自启动功能		
		室外机应由加装防盗网或其他安全保障措施		
	暖气	北方固定站应有取暖设施，室内温度要求 18～28℃		
	去湿	室内注意防潮，南方和沿海地区必要时安装除湿装置，室内湿度要求 60%以下		
照明	室内照明	站房每 20 m^2 配 2 盏 40 W 节能日光灯		
		仪器间非仪器设备安装墙面设置 2～3 个五孔插座		
供电	电源容量	主电源 380 V 交流电、三相四线制、频率 50 Hz		
		电源总容量应大于站房全部用电设备实际用量的 1.5 倍		
		供电稳定，电源引入符合国标，并提供站房主电源线缆布置图		
		电费应缴清，并填写开户人、缴费号		
	站房配电	监测仪器室内为水质自动监测系统配置专用动力配电箱		
		电源分相使用，A 相：照明、暖通等；B 相：经稳压给仪器；C 相：水泵及其他		
		电源系统配备 UPS 和三相稳压电源，备用电池应保证突然断电后各自动分析仪能继续完成一个测量周期		
		配电箱进行重复接地，零地相位差为零		
		总电源接入处和配电箱内应安装电源防雷保护装置		
		电源动力线和通信线、信号线相互屏蔽，以免产生电磁干扰		

检查内容	检查项目名称	技术要求	是否符合要求（是打√，否打×）	备注
通信	网络	水站网络通信建设应以光纤/ADSL 有线网络为主。确实无法满足的，可选用无线网络进行传输，带宽不低于 20 M，满足监测数据传输要求		
防雷	防雷要求	站房和供电设施应设置防雷设施，设施具备三级电源防雷和通信防雷功能，应符合《建筑物防雷设计规范》（GB 50057—2010）的要求		
		对建筑物、电力线（二级）、通信线路（光缆、电话）雷电入侵防护，安装防雷保护器，具有三级防雷装置		
		提供具资质单位出具的防雷检测报告（每年需年检）		
	防雷保护	加装电源防雷保护器		
		加装通信网络、电话防雷保护器		
		站房屋顶有接闪装置，并设有接地防雷带		
接地	接地阻值	按地线制作要求做好地线，接地电阻小于 4 Ω，仪器设备接地电阻小于 1 Ω		
	接地端子	仪器间在指定的位置留有地线汇流排（端子），在电源箱内至少预留 3 个接地端子		
视频监控	视频功能要求	视频监控设备分别安装在站房外取水口、站房进门处、站房仪表间三处位置，其设备应满足总站下发的文件要求		
		视频监控单元应具备实时监控功能、云台操作功能、录像存储功能、语音监听功能和简单的远程维护功能		
		可通过平台软件对前端设备进行校时、重启、修正参数、软件升级、远程维护等操作		
		视频监控支持前端存储和中心存储，前端存储至少满足 1 个月的存储能力		
		网络红外球形摄像机带云台、带红外功能		
		高清网络摄像机应选用可接驳符合 ONVIF、PSLA、RTSP 标准及众多主流厂商的网络摄像机；支持不低于 200 万像素高清网络视频的预览、存储和回放；支持 IPC 集中管理；支持智能搜索、回放及备份		
	视频监控布设	站房外取水口监控：用于监控取水口及站房周边情况，监控设备可水平 360°旋转，竖直−5～185°旋转		
		站房进门处监控：应配置枪机，固定监控视角，安装在站房大门附近墙壁上		
		站房仪器间监控：安装在机柜正面墙壁上监控仪表间内部仪器运行情况，可水平 360°旋转，竖直−5～185°旋转		
检查结论				

表 2 地表水水质自动监测站采水设施检查表

站点名称： 检查单位： 检查时间：

检查内容	检查项目名称	技术要求	是否符合要求（是打√，否打×）	备注
采水单元	采水方式	采水方式：参照《关于加快推进国家地表水水质自动站建设的通知》（环办监测函〔2017〕1762号）中相关技术要求，选择符合地方实际情况的采水方式（包括栈桥式、浮筒/船/标式、悬臂式、浮桥式、拉索式等）		此处说明采水方式
	采水施工	提供采水设计方案和工程图纸		
		如采水装置位于航道，应设有警示标识		
		采水管室外部分埋设或加保护管明铺		
		北方地区应有防冻保温措施，如增设伴热带等		
		采样装置的吸水口应设在水下 0.5～1 m 范围内，并能够随水位变化适时调整位置		
		管路敷设于预留的管线地沟内，上部设置水泥盖板防止人为踩踏；埋地管路置于镀锌钢管内		
	采水泵	采水系统应具备双泵/双管路轮换功能，配置双泵/双管路采水，一备一用		
		可进行自动或手动切换，满足实时不间断的要求		
		潜水泵或自吸泵：满足采水距离，采水泵和采水头具备安全的固定方式，能提供最大扬程、电压（380 V 或 220 V）和所需功率的参数		
	采水管路	采水管路进入站房的位置应靠近仪器安装墙面的下方，并设保护套管		
		采水管路应采用惰性材料，保证不改变提供水样的代表性		
		采水管路不可加装单向阀等装置，阻碍系统反清洗功能		
		采水管路可可拆洗式采水管路，并装有活接，易于拆卸和清洗		
		采水管道铺设平滑并具有一定坡度，尽可能减少弯头数量，避免管道内部存水		
		采水管路应具有防意外堵塞和方便泥沙沉积后的清洗功能		
给水	清洁水	站房内引入自来水或井水		
		供水水量瞬时最大流量 3 m^3/h，压力不小于 0.5 kg/cm^2		
		如水量、水压不满足时加高位水箱并有自动控制装置，必要时需加过滤装置		
		自来水应引入质控室实验台，方便洗涤		

<table>
<tr><th>检查内容</th><th>检查项目名称</th><th>技术要求</th><th>是否符合要求（是打√，否打×）</th><th>备注</th></tr>
<tr><td rowspan="5">排水</td><td rowspan="4">排水管</td><td>排水总管径不小于 DN150，以保证排水畅通</td><td></td><td></td></tr>
<tr><td>排水总管应防冻保温，排水口应保持排水通畅</td><td></td><td></td></tr>
<tr><td>排水管出水口高于河水最高洪水水位</td><td></td><td></td></tr>
<tr><td>排水直接排入市政管道或敷设排水管道到河流下游，距采水点下游 20 m 以上</td><td></td><td></td></tr>
<tr><td>生活污水</td><td>生活污水排到化粪池、市政管网等专门设施</td><td></td><td></td></tr>
<tr><td>采水系统比对</td><td>比对测试</td><td>在采水口处人工采集水样，经 30 min 沉淀后，经仪器直接测试与经系统自动测定的结果进行比对，其误差为集成干预误差，前后两次做集成干预误差的时间不得小于 15 d
<table><tr><th></th><th>氨氮</th><th>高锰酸盐</th><th>总磷</th><th>总氮</th></tr><tr><td>人工采集水样经仪器测量值</td><td></td><td></td><td></td><td></td></tr><tr><td>系统自动测定水样值</td><td></td><td></td><td></td><td></td></tr><tr><td>集成干预误差</td><td></td><td></td><td></td><td></td></tr></table></td><td></td><td>$\delta=(X-Y)/Y\times 100\%$
式中：
δ 为相对误差值
X 为人工采集水样经仪器测量的值
Y 为系统自动测定水样的值</td></tr>
<tr><td colspan="2">检查结论</td><td colspan="3"></td></tr>
</table>

附录 B 水质自动监测站建设论证

比对指标为 pH、溶解氧、氨氮、高锰酸盐指数、总氮和总磷。采样频率为每天 1 次，连续 5 d，共 5 次比对。检测方法使用《国家地表水环境质量监测网监测任务作业指导书》（试行）内规定的方法。根据比对要求，当水站采水口和考核断面处比对监测的水质类别均在Ⅰ～Ⅲ类时，两者的水质类别一致即可；当水站采水口和考核断面处比对监测的水质类别在Ⅳ～劣Ⅴ类时，两者除水质类别一致外，还应满足各比对指标浓度相对偏差均小于 15%（河流总氮不参与水质类别评价，但参与相对偏差比较）。

表 1 新建水站基础信息表

项目		说明
断面名称		
断面属性		
点位位置	点位位置	省 市 区（县） 乡村
		东经： 北纬：
	点位说明（照片另附）	
水文情况	河流流速、流量	平均流量： 流速：
		最小流量： 流速：
		最大流量： 流速：
	水位	平均水位：
		最高水位：
		最低水位：
		100 年一遇水位：
		水位落差：
气候	气温	年平均温度： 年低温度： 年高温度：
	冻土层	冻土层最大深度：
基础条件	交通情况	
	通信条件	
	电力条件	
	清水情况	
	土建基础	
	排水条件	

采水口情况	代表性情况	
	取水处水深	平均水深： 低水深： 高水深：
	距离	水平距离： 垂直距离：
	坡度	
	采水方案	

表 2　水站采水口与考核断面水质比对结果

<table>
<tr><td>断面名称</td><td colspan="7"></td><td colspan="2">断面编码</td><td colspan="6"></td></tr>
<tr><td>断面经纬度</td><td>经度：</td><td colspan="6"></td><td colspan="2">纬度：</td><td colspan="6"></td></tr>
<tr><td>水站经纬度</td><td>经度：</td><td colspan="6"></td><td colspan="2">纬度：</td><td colspan="6"></td></tr>
<tr><td>实际距离：</td><td colspan="15"></td></tr>
<tr><td colspan="16">比对结论：</td></tr>
<tr><td colspan="16">比对监测结果（单位：mg/L）</td></tr>
<tr><td rowspan="2">次数</td><td colspan="8">手工断面</td><td colspan="7">水站取水口</td></tr>
<tr><td>水质类别</td><td>pH</td><td>溶解氧</td><td>氨氮</td><td>总磷</td><td>总氮</td><td>高锰酸盐指数</td><td>叶绿素 a</td><td>水质类别</td><td>pH</td><td>溶解氧</td><td>氨氮</td><td>总磷</td><td>总氮</td><td>高锰酸盐指数</td></tr>
<tr><td>1</td><td></td><td></td><td></td><td></td><td></td><td></td><td></td><td></td><td></td><td></td><td></td><td></td><td></td><td></td><td></td></tr>
<tr><td>2</td><td></td><td></td><td></td><td></td><td></td><td></td><td></td><td></td><td></td><td></td><td></td><td></td><td></td><td></td><td></td></tr>
<tr><td>3</td><td></td><td></td><td></td><td></td><td></td><td></td><td></td><td></td><td></td><td></td><td></td><td></td><td></td><td></td><td></td></tr>
<tr><td>4</td><td></td><td></td><td></td><td></td><td></td><td></td><td></td><td></td><td></td><td></td><td></td><td></td><td></td><td></td><td></td></tr>
<tr><td>5</td><td></td><td></td><td></td><td></td><td></td><td></td><td></td><td></td><td></td><td></td><td></td><td></td><td></td><td></td><td></td></tr>
<tr><td>测定日期</td><td colspan="8">测定开始日期：　　　年　　月　　日</td><td colspan="7">测定结束日期：　　　年　　月　　日</td></tr>
</table>

附录C 运维记录表

表1 水质自动站站房运营维护日常巡检记录

站点名称： 站点编号：

<table>
<tr><td colspan="5">站房巡检内容、情况及处理情况说明</td></tr>
<tr><td rowspan="20">日常维护工作记录</td><td rowspan="7">（一）基础设施</td><td>站房外观</td><td>正常□ 异常□</td><td></td></tr>
<tr><td>门窗密闭</td><td>正常□ 异常□</td><td></td></tr>
<tr><td>周边环境</td><td>正常□ 异常□</td><td></td></tr>
<tr><td>供电线路</td><td>正常□ 异常□</td><td></td></tr>
<tr><td>光纤线路</td><td>正常□ 异常□</td><td></td></tr>
<tr><td>站房主体</td><td>正常□ 异常□</td><td></td></tr>
<tr><td>供水设施</td><td>正常□ 异常□</td><td></td></tr>
<tr><td rowspan="12">（二）配套实施</td><td>照明设施</td><td>正常□ 异常□</td><td></td></tr>
<tr><td>室内供电设施</td><td>正常□ 异常□</td><td></td></tr>
<tr><td>办公家具</td><td>正常□ 异常□</td><td></td></tr>
<tr><td>室内自来水</td><td>正常□ 异常□</td><td></td></tr>
<tr><td>安防设备</td><td>正常□ 异常□</td><td></td></tr>
<tr><td>消防设备</td><td>正常□ 异常□</td><td></td></tr>
<tr><td>温控设施</td><td>正常□ 异常□</td><td></td></tr>
<tr><td>化验设施</td><td>正常□ 异常□</td><td></td></tr>
<tr><td>生活设施</td><td>正常□ 异常□</td><td></td></tr>
<tr><td>卫生打扫</td><td>正常□ 异常□</td><td></td></tr>
<tr><td>站房记录</td><td>正常□ 异常□</td><td></td></tr>
<tr><td>（三）其他情况</td><td></td><td></td><td></td></tr>
<tr><td>异常情况处理记录</td><td colspan="3"></td><td></td></tr>
<tr><td>运维工程师</td><td colspan="2"></td><td>日期</td><td></td></tr>
</table>

表 2 水质自动站站房运营检修维护记录

站点名称： 站点编号：

站房检修维护内容、情况及处理情况说明				
日常维护工作记录	（一）避雷检查	屋顶避雷带	正常□ 异常□	
		避雷连接	正常□ 异常□	
		避雷周边环境	正常□ 异常□	
	（二）站房检查	供电实施	正常□ 异常□	
		站房屋顶防水	正常□ 异常□	
		水塔检修	正常□ 异常□	
		排水槽检修	正常□ 异常□	
	（三）其他情况			
异常情况处理记录				
运维工程师		日期		

表 3 水质自动站站房采样设施日常巡检记录

站点名称： 站点编号：

水质自动站采排水单元日常巡检记录				
日常维护工作记录	巡检项	巡检内容	巡检情况	维护周期
	（一）例行维护	采样环境检查	正常□ 异常□	每周
		采样设备检查	正常□ 异常□	每周
		采样设施检查	正常□ 异常□	每周
		供电检查	正常□ 异常□	每周
		管路线路检查	正常□ 异常□	每月
		排水系统检查	正常□ 异常□	每月
		水样比对	正常□ 异常□	每月
		关键参数测试	正常□ 异常□	每月
	（二）保养维护	采样装置保养	正常□ 异常□	每季度
		采样水泵保养	正常□ 异常□	每季度
	（三）故障检修	采样设施	正常□ 异常□	
		采样管线	正常□ 异常□	
		水泵更换	正常□ 异常□	
		排水管路	正常□ 异常□	
	（四）停机维护			
异常情况处理记录				
运维工程师			日期	

表 4　水质自动站采样设施故障维修记录表

站点名称：　　　　　　　　　　　　　　站点编号：

故障设备名称		设备规格型号	
故障发现时间		恢复正常时间	
故障情况及处理方法			
修复后相关校验说明			
设施最终状态说明			
备件耗材更换情况	备件名称	备件数量	
运维工程师		日期	

表 5　地表水水质自动站采样系统误差比对记录表

站点名称：　　　　　　　　　　　　　　站点编号：

序号	监测因子	测试时间	采样点处水样测量数值	预处理处水样测量数据	相对误差	误差最大值
1	高锰酸盐指数					
2	氨氮					
3	总磷					
	总氮					
4	比对结果（≤10%）					
检测人：			审核：		时间：	

表 6　地表水水质自动站采水单元关键参数测试记录表

站点名称：　　　　　　　　　　　　　　站点编号：

序号	监测项目	测量时间	测量依据	实际测量值	要求范围值	测量结果
1	水压				≥1.2 MPa	
2	水量				≥1.5 m^3/h	
3	测量结果					
检测人：			审核：		时间：	

资料附录 1

多种类型采水方式选择表

类型	采水方式	适用场合	优缺点
1	栈桥式	适用场合技术指标：水位变化小：小于 20 m，水深：1～8 m，水流速：小于 2.0 m/s，河床宽度小于 5 m 的监测断面	优点：结构稳定可靠，方便维护 缺点：成本高，适用较窄的河床监测断面
2	浮筒/船/浮标式	适用环境：可适用于水流急、浅滩长、水位有一定变化的湖库、河道支流等监测断面	优点：成本低，灵活性强，能适用于水位急促变化的监测断面 缺点：维护不方便
3	悬臂式	地形比较复杂不便于使用固定式桥或者避免河道整治的而临时的取水方案，一般适用于河岸陡峭、水流较急、漂浮物多、水位有一定变化的河道监测断面	优点：适用于河道岸边地形复杂、陡峭的场合 缺点：结构比较复杂，维护不方便且取水不稳定
4	浮桥式	湖库等水流缓慢的监测断面	优点：成本低、易拆卸、维护方便 缺点：易受天气等影响，不稳定
5	拉索式	需要对河道监测断面的多点位监测，且河道不可太宽，航行船只要少	优点：灵活性强，可实现监测面上的多个采水点的取水 缺点：不稳定，维护工作量大且复杂

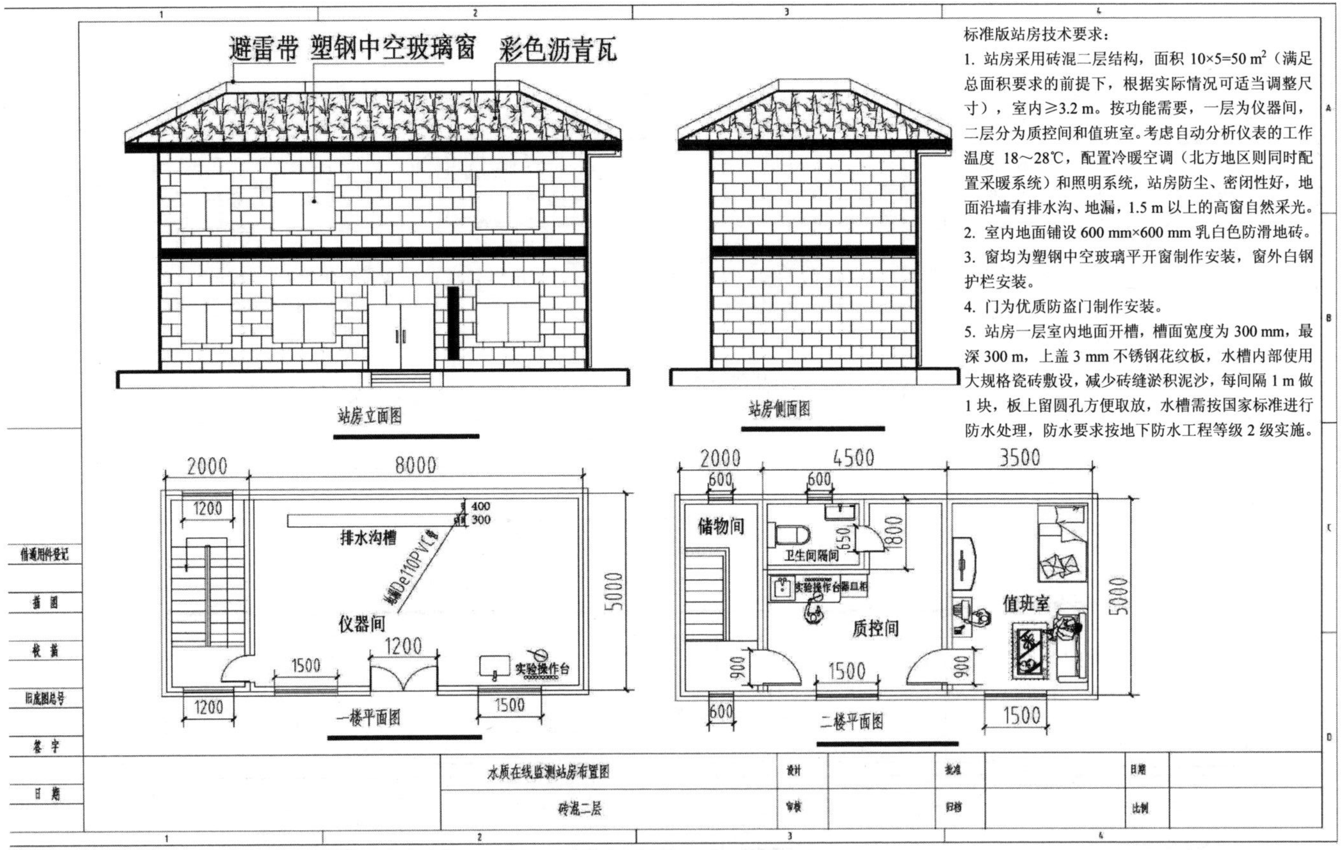

标准版站房技术要求：

1. 站房采用砖混二层结构，面积 10×5=50 m^2（满足总面积要求的前提下，根据实际情况可适当调整尺寸），室内≥3.2 m。按功能需要，一层为仪器间，二层分为质控间和值班室。考虑自动分析仪表的工作温度 18～28℃，配置冷暖空调（北方地区则同时配置采暖系统）和照明系统，站房防尘、密闭性好，地面沿墙有排水沟、地漏，1.5 m 以上的高窗自然采光。
2. 室内地面铺设 600 mm×600 mm 乳白色防滑地砖。
3. 窗均为塑钢中空玻璃平开窗制作安装，窗外白钢护栏安装。
4. 门为优质防盗门制作安装。
5. 站房一层室内地面开槽，槽面宽度为 300 mm，最深 300 m，上盖 3 mm 不锈钢花纹板，水槽内部使用大规格瓷砖敷设，减少砖缝淤积泥沙，每间隔 1 m 做 1 块，板上留圆孔方便取放，水槽需按国家标准进行防水处理，防水要求按地下防水工程等级 2 级实施。

图 1　双层标准版固定式站房设计示意图

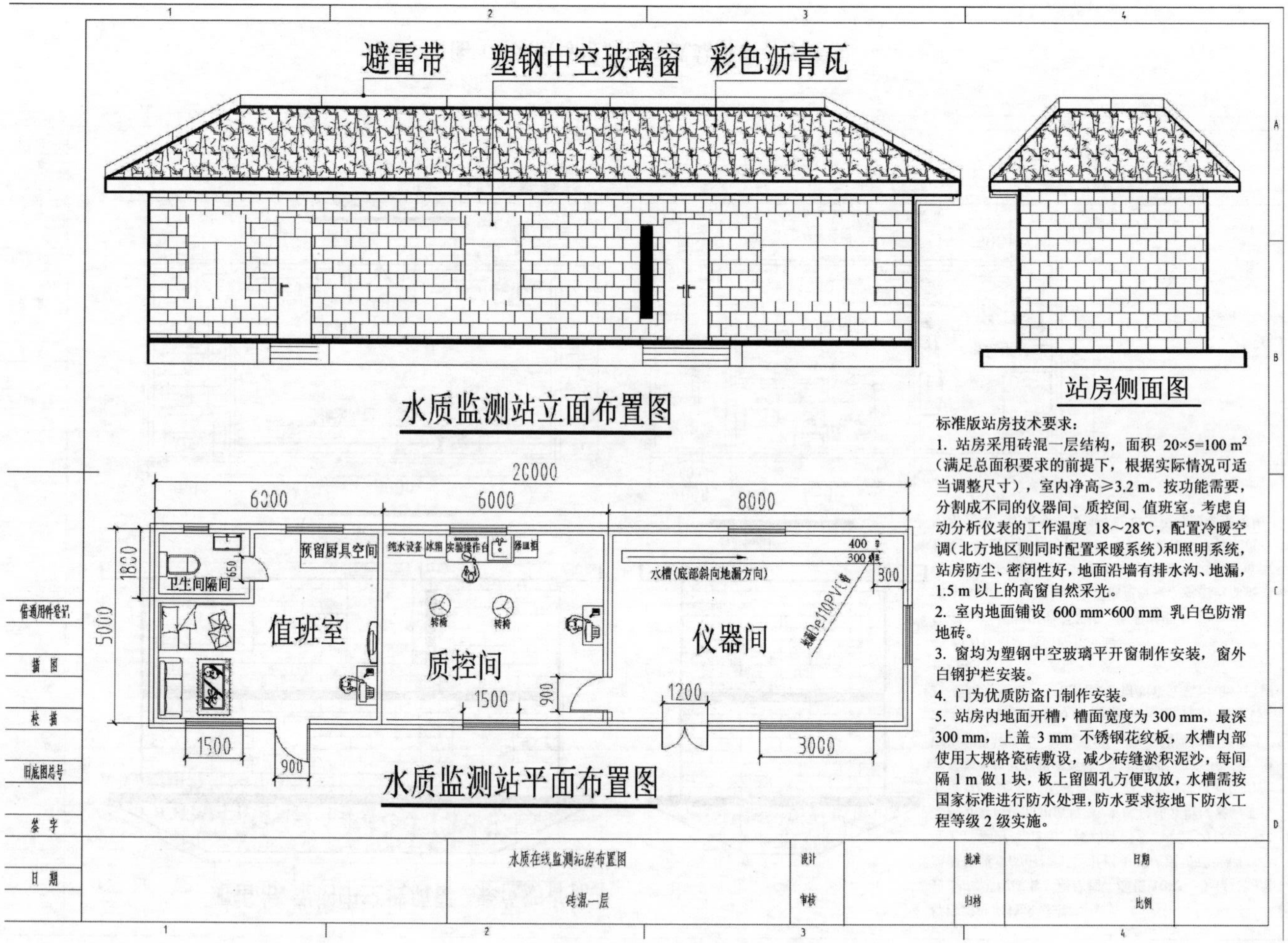

图 2　单层标准版固定式站房设计示意图

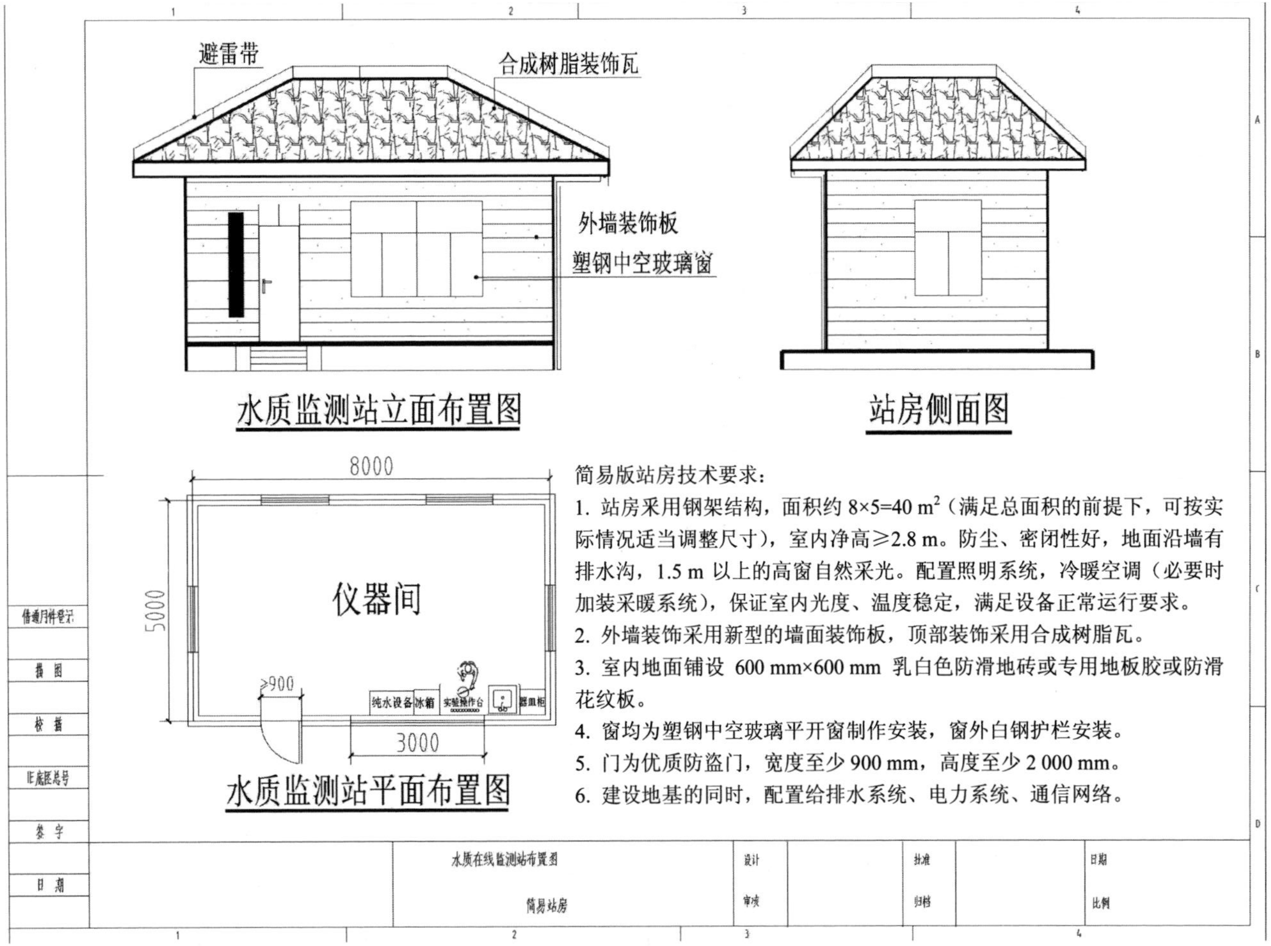
避雷带
合成树脂装饰瓦
外墙装饰板
塑钢中空玻璃窗
水质监测站立面布置图
站房侧面图
8000
5000
仪器间
≥900
纯水设备
冰箱
实验操作台
器皿柜
3000
水质监测站平面布置图
简易版站房技术要求：
1. 站房采用钢架结构，面积约 8×5=40 m^2（满足总面积的前提下，可按实际情况适当调整尺寸），室内净高≥2.8 m。防尘、密闭性好，地面沿墙有排水沟，1.5 m 以上的高窗自然采光。配置照明系统，冷暖空调（必要时加装采暖系统），保证室内光度、温度稳定，满足设备正常运行要求。
2. 外墙装饰采用新型的墙面装饰板，顶部装饰采用合成树脂瓦。
3. 室内地面铺设 600 mm×600 mm 乳白色防滑地砖或专用地板胶或防滑花纹板。
4. 窗均为塑钢中空玻璃平开窗制作安装，窗外白钢护栏安装。
5. 门为优质防盗门，宽度至少 900 mm，高度至少 2 000 mm。
6. 建设地基的同时，配置给排水系统、电力系统、通信网络。
水质在线监测站布置图
简易站房
设计
审核
批准
归档
日期
比例
描图
校描
日期

图 3　标准版简易式站房设计示意图

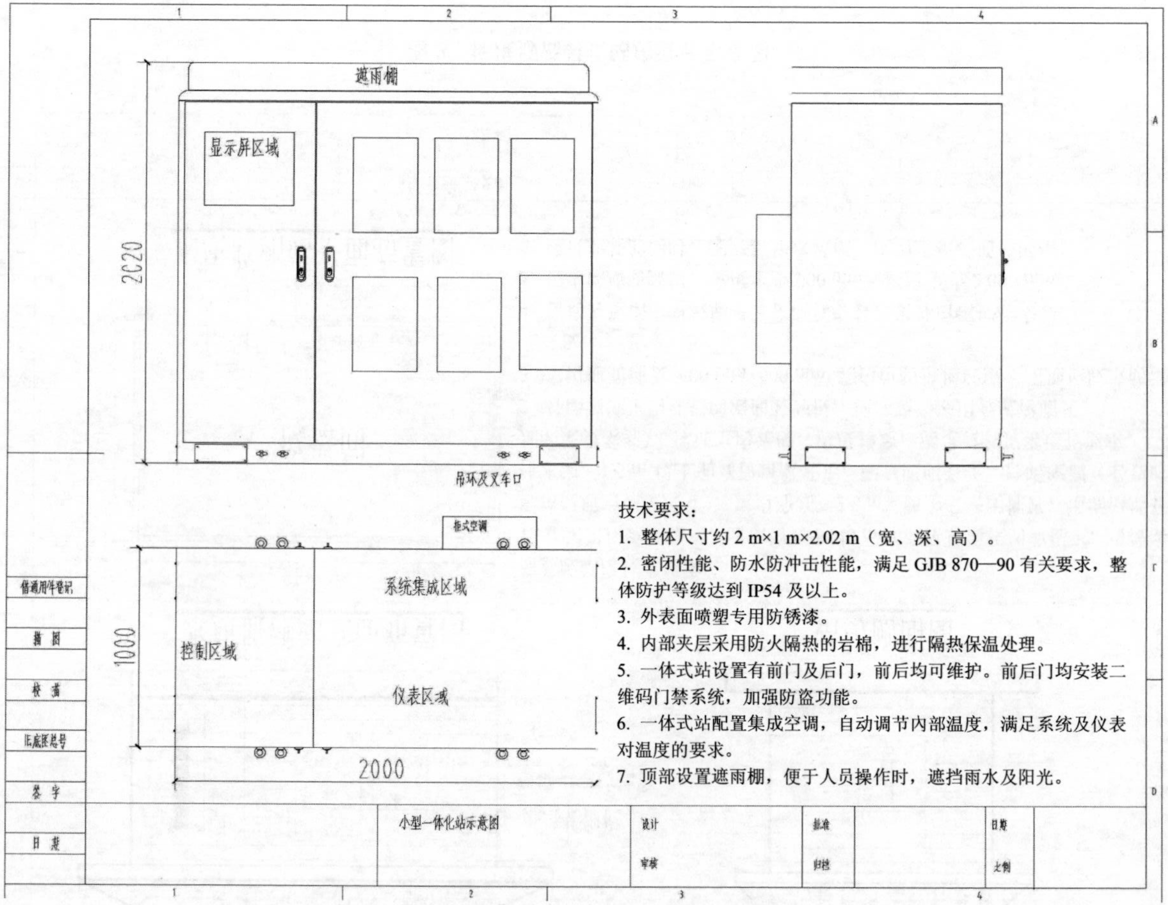

遮雨棚
显示屏区域
2020
吊环及叉车口
柜式空调
系统集成区域
控制区域
仪表区域
1000
2000
技术要求：
1. 整体尺寸约 2 m×1 m×2.02 m（宽、深、高）。
2. 密闭性能、防水防冲击性能，满足 GJB 870—90 有关要求，整体防护等级达到 IP54 及以上。
3. 外表面喷塑专用防锈漆。
4. 内部夹层采用防火隔热的岩棉，进行隔热保温处理。
5. 一体式站设置有前门及后门，前后均可维护。前后门均安装二维码门禁系统，加强防盗功能。
6. 一体式站配置集成空调，自动调节内部温度，满足系统及仪表对温度的要求。
7. 顶部设置遮雨棚，便于人员操作时，遮挡雨水及阳光。
小型一体化站示意图
设计
审核
批准
归档
日期
文档

图 4　标准版小型式站房设计示意图

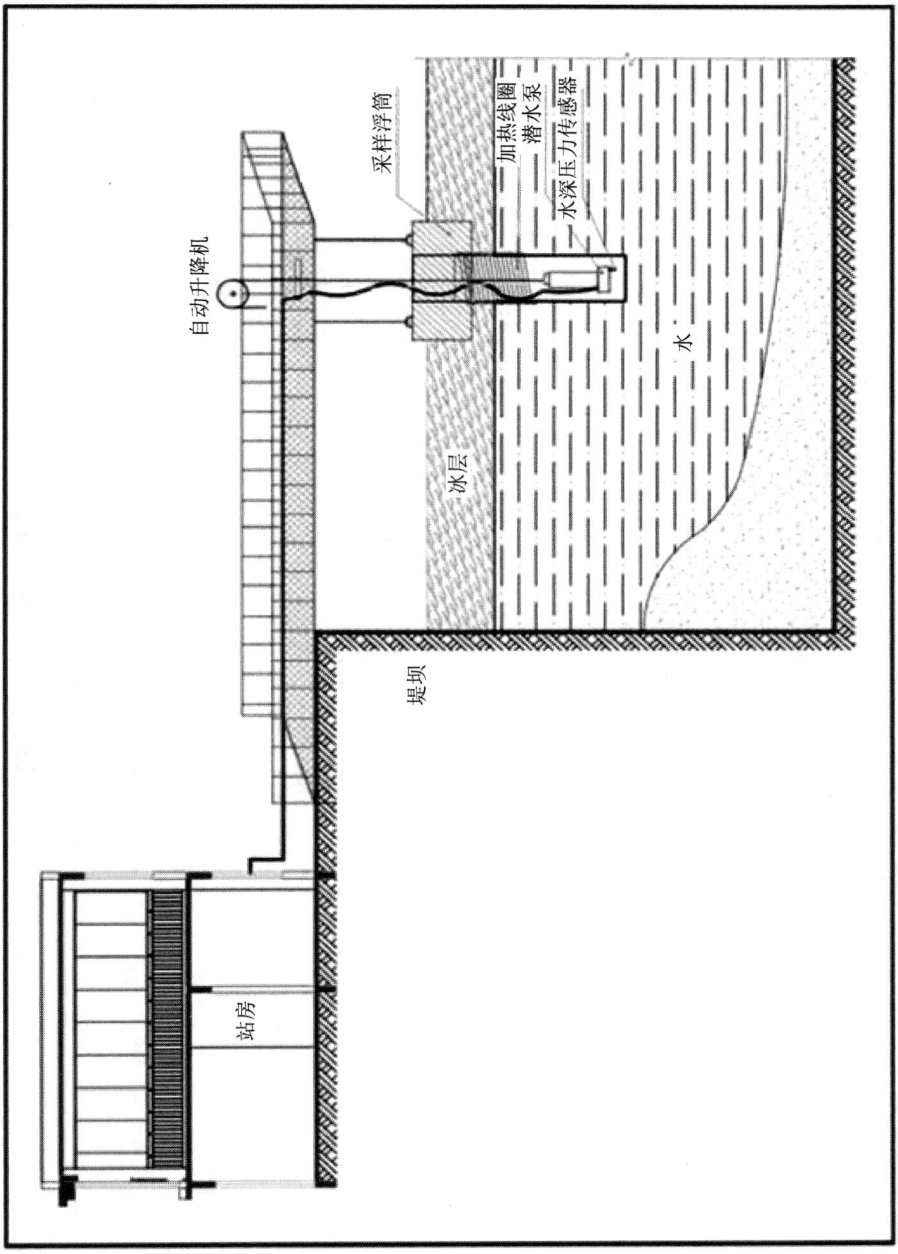

图 5　栈桥式采水参考示意图

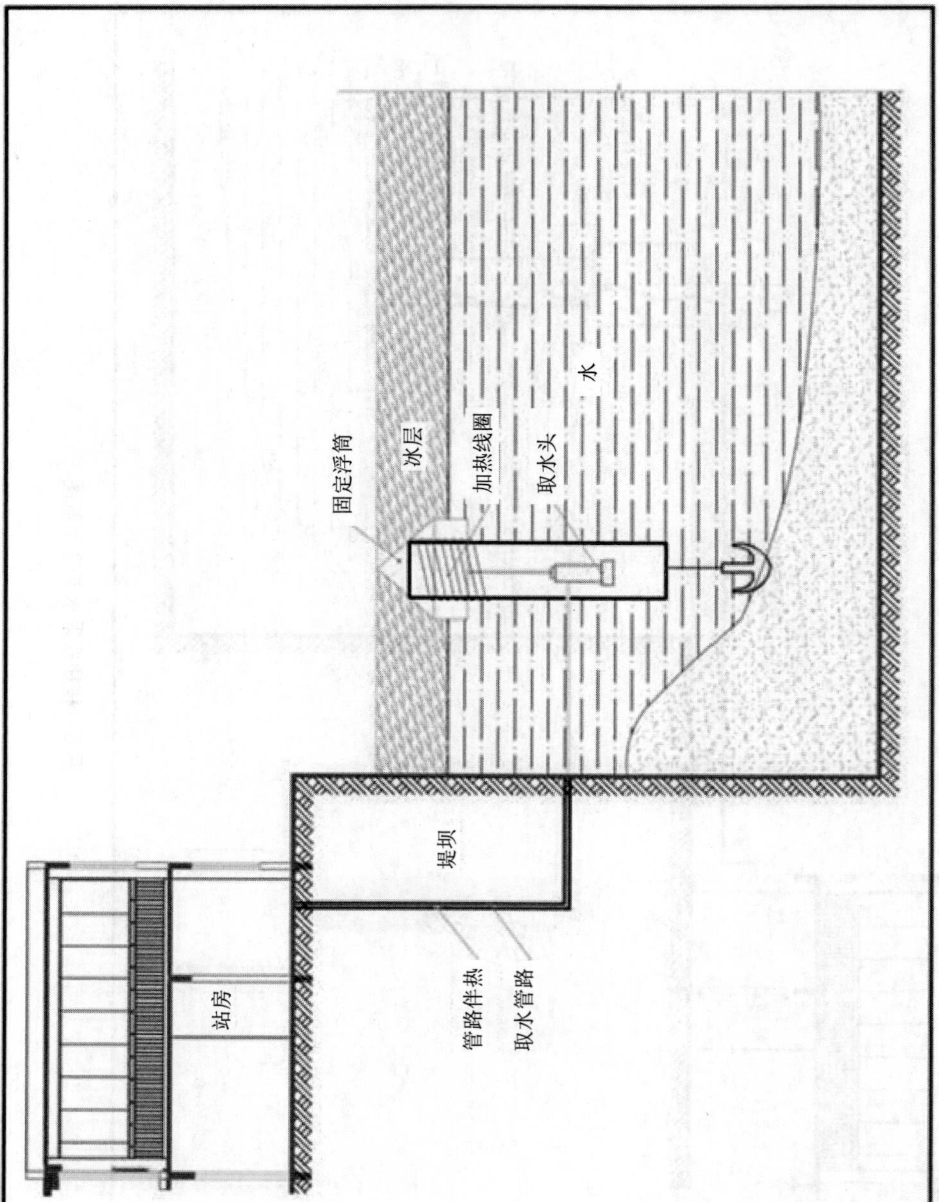

图6 浮筒式采水参考示意图

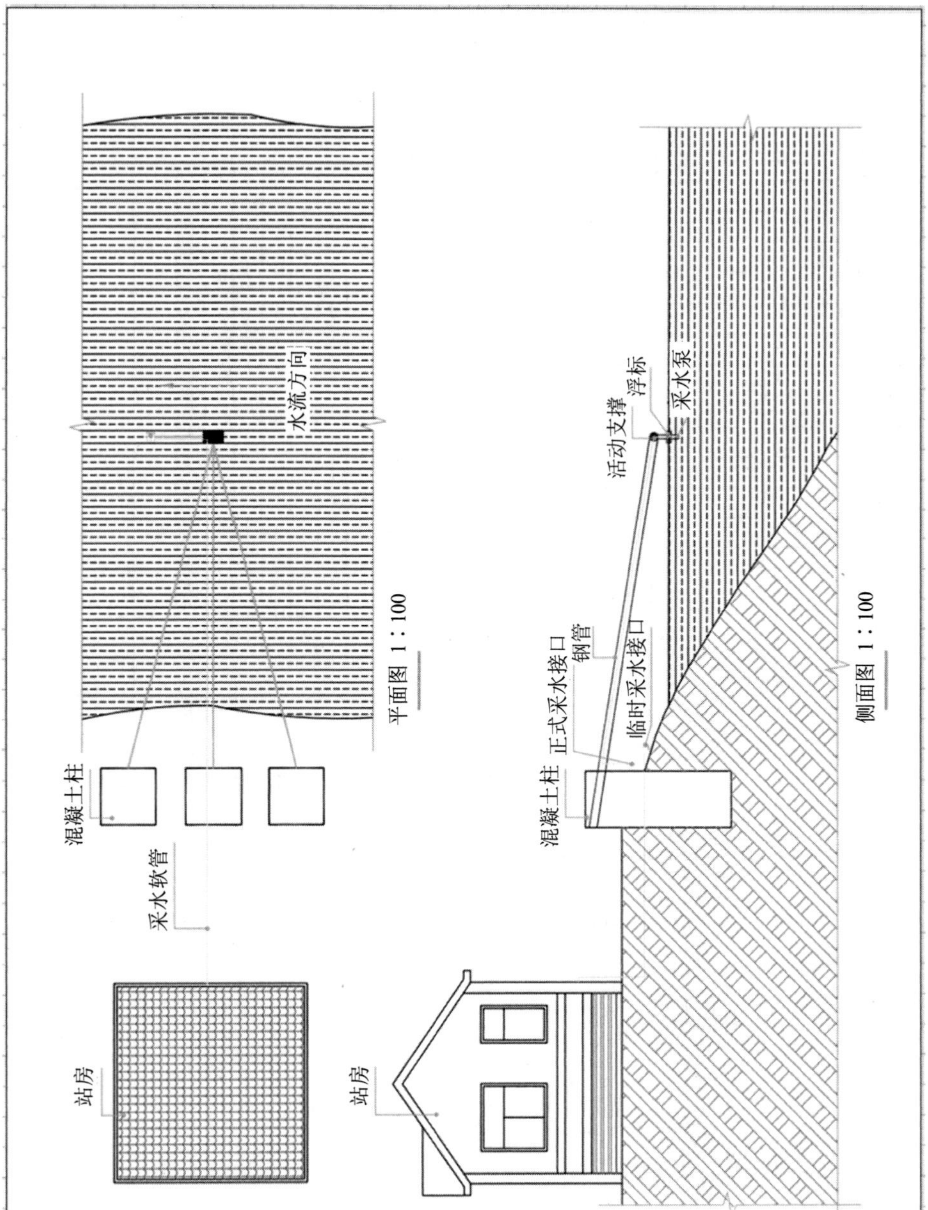

图 7 悬臂式采水参考示意图

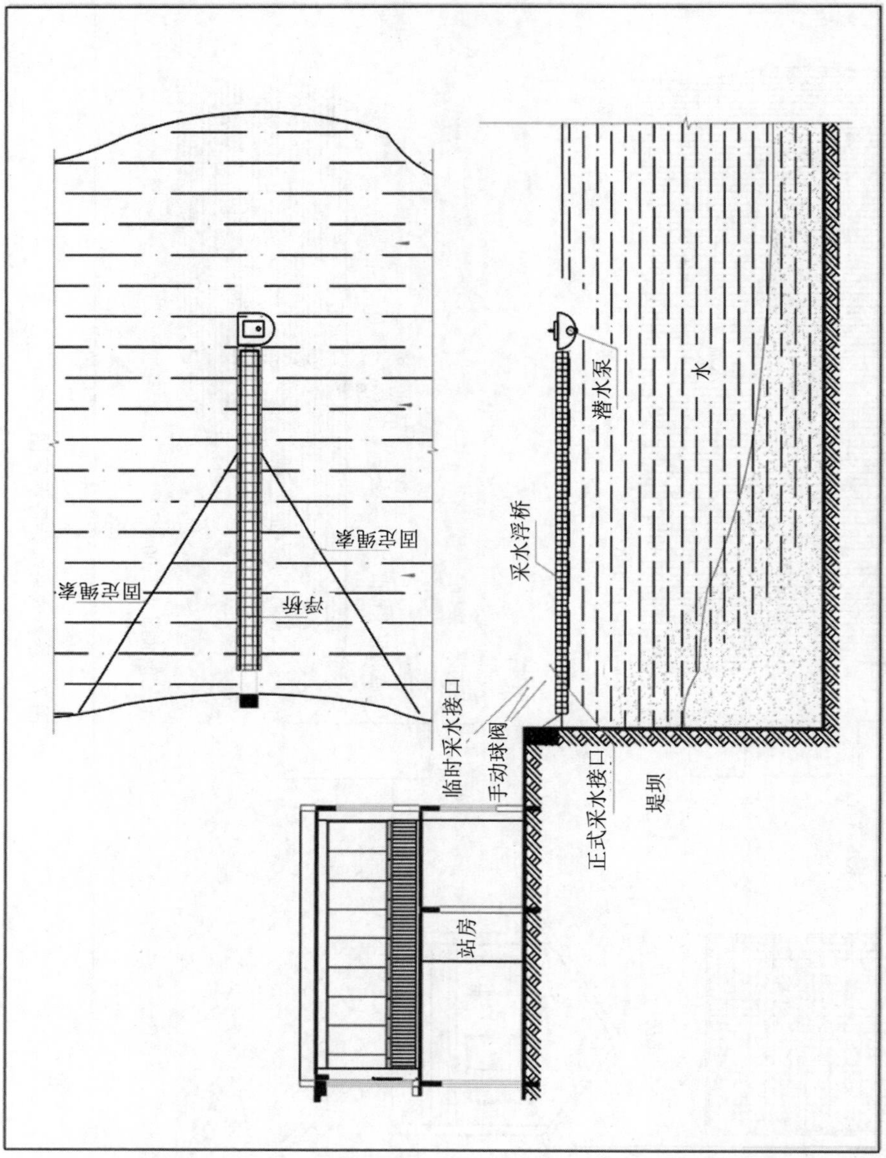

图 8 浮桥式采水参考示意图

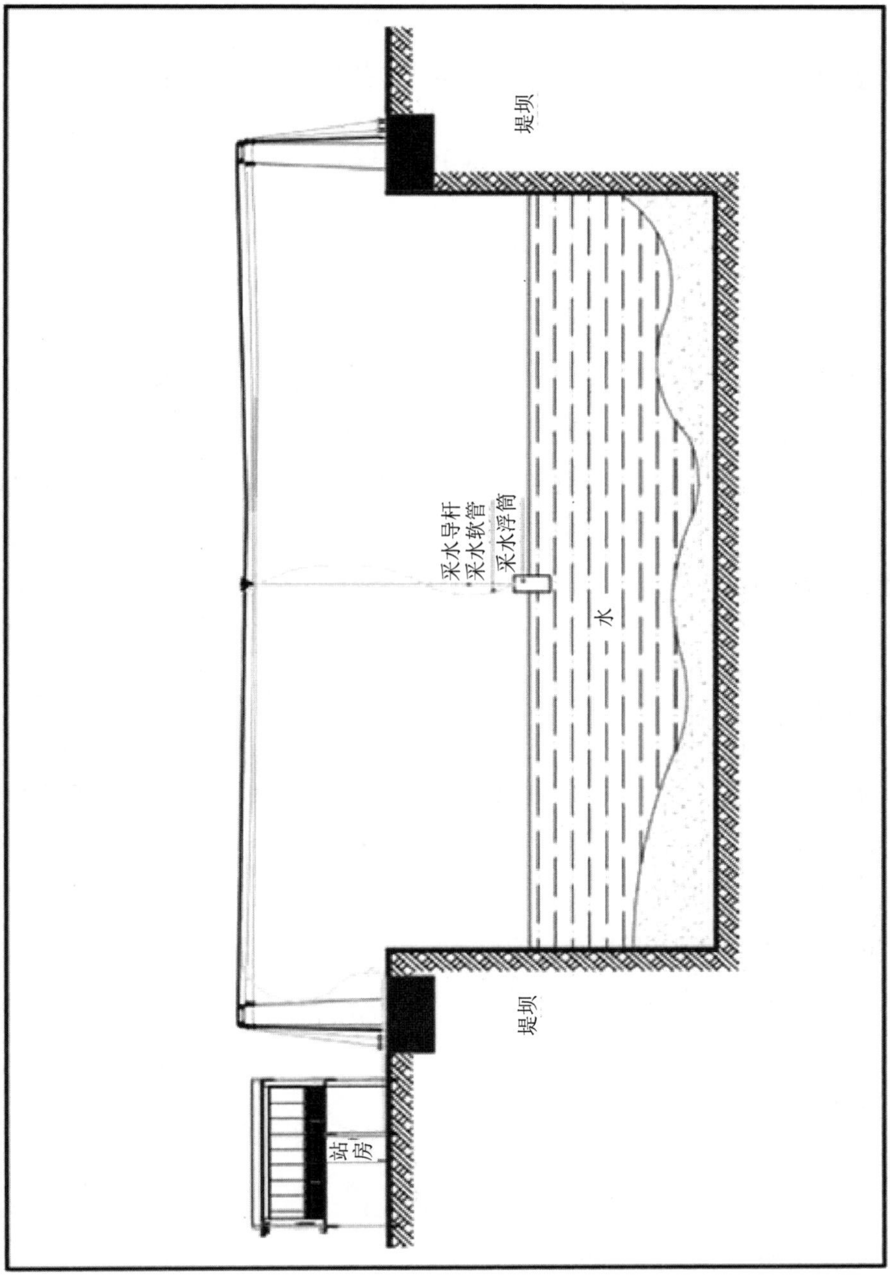

图 9　拉索式采水参考示意图

地表水水质自动监测站运行维护技术要求

1 适用范围

本技术要求规定了固定式、简易式、小型式和浮船式水质自动监测站（以下简称水站）运行维护、质量保证与质量控制措施和运行记录等技术要求。

本技术要求用于固定式、简易式、小型式和浮船式水质自动监测站的质量保证与质量控制以及远程维护、现场维护、应急维护。本技术要求适用的监测项目为常规五参数、高锰酸盐指数、氨氮、总磷、总氮、叶绿素 a、蓝绿藻密度等参数，其他监测项目可参照本技术要求。

2 规范性引用文件

本技术要求内容引用了下列文件中的条款。凡是不注明日期的引用文件，其有效版本适用于本技术要求。

GB 3838　地表水环境质量标准

GB/T 8170　数值修约规则与极限数值的表示和判定

HJ/T 91　地表水和污水监测技术规范

HJ/T 96　pH 水质自动分析仪技术要求

HJ/T 97　电导率水质自动分析仪技术要求

HJ/T 98　浊度水质自动分析仪技术要求

HJ/T 99　溶解氧（DO）水质自动分析仪技术要求

HJ/T 100　高锰酸盐指数水质自动分析仪技术要求

HJ/T 101　氨氮水质自动分析仪技术要求

HJ/T 102　总氮水质自动分析仪技术要求

HJ/T 103　总磷水质自动分析仪技术要求

HJ/T 372　水质自动采样器技术要求及检测方法

HJ 915　地表水自动监测技术规范（试行）

地表水水质自动监测站站房及采水单元建设技术规范

《国家地表水环境质量监测网监测任务作业指导书》（试行）

3 术语和定义

下列术语和定义适用于本技术要求。

3.1 固定式水质自动监测站 stationary water quality automatic monitoring system

采用《地表水水质自动监测站站房与采水单元建设技术要求》的定义。

3.2 简易式水质自动监测站 simplified water quality automatic monitoring system

采用《地表水水质自动监测站站房与采水单元建设技术要求》的定义。

3.3 小型式水质自动监测站 small water quality automatic monitoring system

采用《地表水水质自动监测站站房与采水单元建设技术要求》的定义。

3.4 浮船式水质自动监测站 floating type automatic monitoring system

以单体舱式浮船为载体的水质自动监测系统。

3.5 跨度 span

指适用于所处断面水质的测量范围，跨度值应根据监测项目的水质类别进行设置。

当监测项目的水质类别为Ⅰ～Ⅱ类时，跨度值均采用Ⅱ类水质标准限值的 2.5 倍；为Ⅲ～劣Ⅴ类时，跨度值为水质类别标准限值的 2.5 倍；当监测项目无水质标准限值时，跨度值为监测项目上一周的水质平均值的 2.5 倍。

3.6 零点核查 zero check

指采用水质自动分析仪测试跨度值 0～10%的标准溶液的示值误差，判断仪器可靠性的措施。

3.7 跨度核查 span check

指采用水质自动分析仪测试跨度值 80%左右的标准溶液的示值误差，判断仪器可靠性的措施。

3.8 24 h 零点漂移 24 hours zero drift

指水质自动分析仪以 24 h 为周期测试跨度值 0～10%的标准溶液，仪器指示值在 24 h 前后的变化，具体示例如图 1。

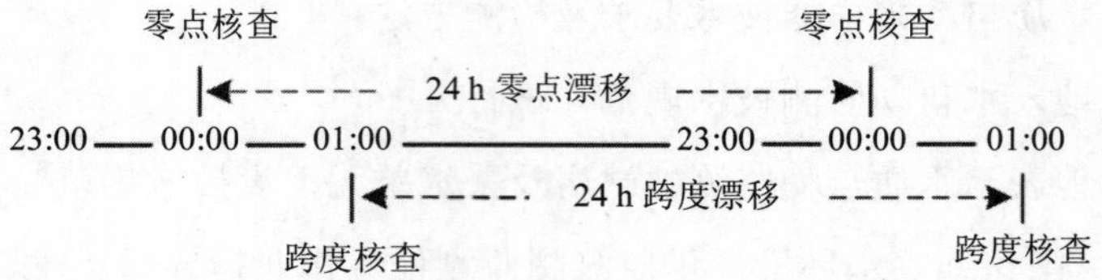

图 1　24 h 零点漂移和跨度漂移检测方法示例

3.9　24 h 跨度漂移 24 hours span drift

指水质自动分析仪以 24 h 为周期测试跨度值 80%左右的标准溶液，仪器指示值在 24 h 前后的变化，具体示例如图 1。

3.10　集成干预检查 Integrated interference test

指系统开始采水时在采水口处人工采集水样，沉淀 30 min 后取上清液摇匀待系统测试完毕后，直接经水质自动分析仪测试，与系统自动测定的结果进行比对，检查系统集成对水质的影响。

3.11　多点线性核查 Multipoint linear verification

指水质自动分析仪依次测试跨度范围内 4 个点（含空白、低、中、高 4 个浓度）的标准溶液，根据测试结果进行线性拟合，用以判定数据可靠性的措施。

3.12　过程日志 Process logs

指水站进行采配水、分析、清洗至流程结束整个监测过程的状态信息，应至少包括各步骤启动时间、工作状态、分析过程等信息。

3.13　维护区间 Maintenance period

指仪器进入更换试剂、更换部件、人工校准等维护至满足质控要求的区间。

3.14　失控状态 Out of control state

水站仪器设备维护期间及不满足质控要求的区间均属于失控状态。

3.15　无效数据　Invalid data

指系统处于失控状态、中心平台未获取到等未通过审核的数据。

3.16　水质自动综合监管平台 Comprehensive monitoring platform for automatic monitoring of water quality

对水质自动监测站进行数据采集、存储、远程控制，并具有运维管理、质控管理、数据综合应用等功能的软件系统。

4 运行维护基本要求

4.1 运维单位

运维单位应配备相应的运维车辆、运维船只、备用仪器、备品备件等，具备所在运维区域内水站监测项目的实验室分析能力。

4.2 运维人员

运维人员应持证上岗，具有相关的专业知识，能独立运行维护水站。

4.3 水站维护手册

运维单位应根据水站的配置、仪器性能、断面上下游污染源分布情况以及支流汇入等情况，编制水站维护手册。

4.4 运维计划与运维报告

4.4.1 运维计划

每周制订下周运维计划，内容包括维护时间、维护人员、维护内容（试剂更换、耗材更换、仪器校准、部件清洗）等。

4.4.2 运维报告

每月第一周编制上月运维报告，内容包括维护水站名称、水站参数配置、维护人员、实际例行巡检日期、维护内容、维护情况等。

4.5 质控计划与质控报告

4.5.1 质控计划

每月最后一周应制订下月质控计划，内容包括水站名称、水站各监测项目标准溶液浓度、质控措施及计划质控时间等。

4.5.2 质控报告

每月第一周应编制上月质控报告，报告模板见附录C，内容包括水站名称、质控日期、维护人员、仪器配置、各监测项目标准溶液浓度、已实施的质控措施、质控时间、质控技术指标要求、质控情况说明、校准措施、数据有效率等。

5 运行维护质量管理目标

5.1 系统运行及质控要求

常规五参数、叶绿素a、蓝绿藻密度应按照1 h为周期的频次进行监测，其他监测项目应按照4 h为周期的频次进行监测，必要时可进行加密监测。

5.2 运行目标

通过对地表水水质自动监测站进行运行维护并采取必要的质控措施，保证水站监测数据质量，水站每月所有监测项目数据有效率均应不小于 80%。

6 质量保证与质量控制要求

6.1 质控措施技术要求

6.1.1 总体要求

（1）当监测项目前一个月 20 d 以上为Ⅰ～Ⅱ类时，质控措施按照Ⅰ～Ⅱ类水体的质控要求进行；否则质控措施按照Ⅲ～劣Ⅴ类水体的质控要求进行；

（2）当水质类别发生变化后，应实施相应的质控措施；

（3）每周核查跨度的适用性；

（4）监测项目浓度连续超出仪器当前跨度值时，应重新确定跨度，并进行标样核查；当监测项目水质类别发生变化且未超出当前跨度值时，可继续使用当前跨度；

（5）每周进行的质控措施，与前一次间隔时间不得小于 4 d；每月开展的质控措施应在每月 15 日之后进行；

（6）所有维护及质控测试均应形成记录。

6.1.2 质控措施实施频次

水站应按照表 1 规定的质控项目开展水质质控措施，实施频次应不低于表 1 规定。

表 1　水质自动分析仪质控措施及频次

质控项目	不同水质类别的质控要求		质控频次	实施对象
	Ⅰ～Ⅱ类水体	Ⅲ～劣Ⅴ类水体		
零点核查	√	√	每天	氨氮、高锰酸盐指数、总磷、总氮
24 h 零点漂移	√	√	每天	
跨度核查	√	√	每天	
24 h 跨度漂移	√	√	每天	
标样核查	√	√	每周	常规五参数
多点线性核查	√	√	每月	氨氮、高锰酸盐指数、总磷、总氮、叶绿素 a、蓝绿藻密度
实际水样比对		√	每月	常规五参数、氨氮、高锰酸盐指数、总磷、总氮
集成干预检查		√	每月	氨氮、高锰酸盐指数、总磷、总氮（浮船站除外）
加标回收率自动测试		√	每月	

注：①水质自动分析仪进行零点核查时不允许屏蔽负值；②Ⅰ类、Ⅱ类水体至少每半年进行一次实际水样比对，自动监测结果与实验室分析结果两者均优于Ⅱ类水即视为合格。

6.1.3 质控措施技术要求

6.1.3.1 氨氮、高锰酸盐指数、总磷、总氮自动分析仪质控措施技术要求

表 2 水质自动分析仪质控措施要求

质控措施		技术要求				检测方法	备注
		高锰酸盐指数	氨氮	总磷	总氮		
24 h 零点核查		±1.0 mg/L	±0.2 mg/L	±0.02 mg/L	±0.3 mg/L	附录 A 中 A.1.1	
24 h 零点漂移		±5%				附录 A 中 A.1.2	
24 h 跨度核查		±10%				附录 A 中 A.1.3	如做其他浓度标样核查应≤±10%
24 h 跨度漂移		±10%				附录 A 中 A.1.4	
多点线性核查	零点绝对误差	±1.0 mg/L	±0.2 mg/L	±0.02 mg/L	±0.3 mg/L	附录 A 中 A.1.5	多点线性核查可在多日内穿插完成，可使用零点核查和跨度核查测试结果
	示值误差	±10%					
	相关系数	≥0.98					
实际水样比对		$C_x > B_{\mathrm{IV}}$		±20%		附录 A 中 A.1.8	
		$B_{\mathrm{II}} < C_x \leqslant B_{\mathrm{IV}}$		±30%			
		当自动监测结果和实验室分析结果均低于 B Ⅱ 时，认定比对实验结果合格。					
加标回收率自动测试		80%～120%				附录 A 中 A.1.6	浮船站除外
集成干预检查		±10%				附录 A 中 A.1.7	浮船站除外

注：C_x——自动仪器测定浓度；
　　B——GB 3838 表 1 中相应的水质类别标准限值，B_{II}、B_{IV}代表Ⅱ类水质、Ⅳ类水质的标准限值

6.1.3.2 常规五参数质控措施实施要求

表 3 常规五参数水质自动分析仪质控措施要求

质控措施	技术要求						检测方法
	水温	pH	溶解氧	电导率		浊度	
标准溶液考核	—	±0.1	±0.3 mg/L	标准溶液浓度值>100μS/cm	±5%	±10 %	附录 A 中 A.2
				标准溶液浓度值≤100μS/cm	±5 μS/cm		
实际水样比对	±0.5℃	±0.5	±0.5 mg/L	水样浓度>100μS/cm	±10 %	±10%	
				水样浓度≤100μS/cm	±10 μS/cm		

6.1.3.3　叶绿素 a、蓝绿藻密度

表 4　叶绿素 a、蓝绿藻密度水质自动分析仪质控措施要求

监测项目	质控项目	技术要求	检测方法
叶绿素 a	多点线性核查	零点绝对误差应为≤3 倍检出限，其他点相对误差应≤±5%，线性相关系数应≥0.993	附录 A 中 A.3
蓝绿藻密度	多点线性核查		

6.1.4　维护后质控措施实施要求

（1）更换试剂以后，应进行校准和标样核查。

（2）当水质自动分析仪器关键部件更换后，应进行多点线性核查，必要时应开展实际水样比对。

（3）当水质自动分析仪长时间停机应进行多点线性核查和实际水样比对。

6.1.5　其他质控要求

（1）当水质自动分析仪相关质控核查结果数据接近质控要求限值时应及时进行预防性维护。

（2）24 h 零点/跨度核查与漂移未通过后，维护后应进行零点/跨度核查与漂移，通过后再进行其他质控措施。

（3）多点线性核查未通过时，维护后应进行零点/跨度核查与漂移，通过后再进行多点线性核查。

（4）水体当实际水样比对未通过时，维护后应进行零点/跨度核查与漂移，通过后再先后进行多点线性核查和实际水样比对测试。

（5）当水站质控结果连续 3 个月全部通过时，运维单位可降低该水站运维频次。

（6）每月对备机进行一次标样核查，标样核查结果应上传平台。

（7）当水质监测数据异常或水质下降至水质类别发生变化时应启动一次留样（浮船站除外），留样后应按照应急维护要求执行。

（8）水质自动分析仪斜率 k、截距 b、消解温度等关键参数修改须通过审核；待审核通过后进行更改，否则参数更改后的测试数据将视为无效数据。

6.2　监测数据有效性评价

6.2.1　氨氮、高锰酸盐指数、总磷、总氮自动分析仪监测数据有效性评价

（1）当零点核查、24 h 零点漂移、跨度核查、24 h 跨度漂移任意一项不满足表 2 要求时，则前 24 h 数据无效。

（2）多点线性核查、实际水样比对测试结果不满足表 2 时，之前数据全部无效，按 6.1.5 的相关要求质控测试合格至 7 日（到月末不足 7 日时可不做第二次）后此两项质控测试再次合格，期间及至月末的数据可参与有效性评价，否则当月数据全部无效。

（3）水站维护、水质自动分析仪故障和质控测试期间所有缺失的监测数据均视为无效数据。

（4）加标回收率自动测试、集成干预检查结果不参与数据有效性评价，当此两项质控失败后应立即进行维护直至通过。

（5）质控测试失败时，从下次质控测试开始至通过后的数据可参与有效性评价。

（6）质控合格后数据经审核通过后才视为有效数据。

6.2.2　常规五参数、叶绿素 a、蓝绿藻密度分析仪监测数据有效性评价

（1）当水质自动分析仪标样核查结果不满足表 3、表 4 要求时，则前一周获取的水样监测数据为无效数据。

（2）水站维护、水质自动分析仪故障和标样核查期间所有缺失的水样监测数据均视为无效数据。

（3）质控合格的数据经审核通过后才视为有效数据。

6.2.3　测试结果计算的修约标准

在测试计算中，所有计算过程的修约方法遵守《数值修约规则与极限数值的表示和判定》要求，具体监测项目质控测试结果计算的小数位数见表 5。

表 5　具体指标修约小数位数

指标		保留小数位数
相对误差/%		1
绝对误差	水温/℃	1
	pH（无量纲）	2
	溶解氧/（mg/L）	2
	高锰酸盐指数/（mg/L）	1
	氨氮/（mg/L）	2
	总磷/（mg/L）	3
	总氮/（mg/L）	2
数据有效率		1
相关系数		3
加标回收率		1

7 运行维护

7.1 远程维护

运维单位应每天通过平台查看监测数据，对其运行状态和数据质量进行相应判断，对站点的运维情况及相关信息进行统计和评价。

7.1.1 远程巡视

每日对水站运行条件及设备运行状况进行远程查看，并填写《水质自动监测站远程巡视记录表》（模板见附录D）。具体工作如下：

（1）检查数据采集与传输状况，确认是否获取了水站全部仪器的监测数据和过程日志。

（2）根据仪器质控结果、过程日志判断仪器运行情况及数据的可靠性。

（3）检查前一天数据上传情况，审核并对数据的真实准确性进行判定，对异常数据进行标记，填写数据审核日志。

（4）远程监视采水设施、水位以及站房内外情况，如发现异常，应及时上报。

（5）远程查看确认是否存在非法入侵行为。

（6）远程查看确认是否存在船体移位告警，如发现异常应及时上报。

（7）远程查看船体蓄电池电量，如电量过低应及时上报，并赴现场安排外接电源（或发电机）进行充电。

7.1.2 远程控制

（1）通过远程控制，可对仪器进行校时、复位、测试、校准、清洗、标液核查等工作。

（2）当监测数据出现异常时，运维人员远程发送必要的质控测试命令，根据测试结果综合判断数据有效性。一旦确定仪器设备故障或水质发生重大变化，要及时赴现场处理处置。

7.1.3 运维信息统计评价

通过平台对各站点的运维巡检频次、质控频次、故障响应情况、超标响应情况等信息进行统计，结合质控报告和数据有效率等对水站的运行维护情况进行统计。

7.1.4 运行故障统计

（1）通过数据平台，根据台账填报内容，对系统集成及分析仪器等各类故障进行统计。

（2）通过数据平台，对水站故障修复时间和修复后的质控措施进行统计，记录未能在规定时间内解决的故障。

7.2 现场维护

7.2.1 例行巡检

（1）检查站房空调及保温措施，保持温度稳定；检查水泵及空压机固定情况，避免仪器振动；检查空压机、不间断电源（UPS）、除藻装置、纯水机等外部保障设施运行状态，及时更换耗材。

（2）检查水站电路系统是否正常，接地线路是否可靠，检查采样和排水管路是否有漏液或堵塞现象，排水装置工作是否正常。

（3）检查采配水单元是否正常，如采水浮筒固定情况，自吸泵运行情况等；定期清洗采配水单元，包括采水头、泵体、沉砂池、过滤头、水样杯、阀门、相关管路等，对于无法清洗干净的应及时更换。

（4）检查工控机运行状态和主要技术参数，有无中毒现象，至少每月备份一次现场数据。

（5）检查上传至平台的数据和现场数据的一致性；检查仪器与控制单元的通信线路是否正常。

（6）查看水质自动分析仪及辅助设备的运行状态和主要技术参数，判断运行是否正常；检查有无漏液；进样管路、试剂管路中是否有气泡存在，并及时将气泡排出。

（7）检查试剂状况，定期添加、更换试剂。所用纯水和试剂须达到相关技术要求，更换周期不得超过规定的试剂保质期。

（8）站房周围的杂草和积水应及时清除，检查防雷设施是否可靠，站房是否有漏水现象，站房外围的其他设施是否有损坏或被水淹，如遇到以上问题及时处理，保证水站系统安全运行；在封冻期来临前做好采水管路和站房保温等维护工作。

（9）及时整理站房及仪器，完成废液收集并按相关规定要求做好处置工作，且留档备查；保持站房及各仪器干净整洁，及时关闭门窗，避免日光直射仪器设备。

（10）检查浮船站船体是否发生较大位移，如存在较大位移时应重新进行锚定。

（11）检查浮船站供电是否正常。

（12）检查浮船站温度传感器、警示灯、舱室漏水报警设备、防雷装置等辅助单元的运行状态。

7.2.2　定期养护

水站定期养护项目及最低频次不得低于表 6 要求。

表 6　定期养护内容及频次要求

工作内容		周	月	季度	半年	年	备注
站房	消防设施更换					√	
	防雷检测					√	
	空调维护			√			浮船站除外
	船体清洗				√		
采配水单元	潜水泵清洗		√				
	采水辅助设施			√			
	五参数检测池清洗	√					
	沉淀池清洗		√				
	过滤器清洗	√					
	水样杯清洗	√					
分析单元	试剂更换	√					可根据仪器要求执行
	易损易耗件更换				√		
	废液处置		√				
	保养检修	√			√		
	试剂贮存箱温度检查	√					
控制单元及通信单元	网络通信设备检查			√			
	工控机检查			√			
辅助设备	稳压电源检查		√				
	UPS 检查		√				
	空压机检查		√				
	纯水机滤芯维护			√			
	太阳能板检查		√				
	太阳能板清洁	√					
	风力发电机		√				
	蓄电池		√				
	舱室漏水报警设备	√					
	警示灯					√	
	自动定位系统					√	
	视频设备检查	√	√				
自动采样器		√	√				
数据备份			√				
备机维护			√				

7.2.2.1　站房

（1）保证站房内空调设施运行正常，定期进行全面的养护；

（2）每年需通过具有资质的专业机构对防火、防雷设施进行检测、维护或更换，并出具报告。

7.2.2.2　分析单元

（1）应依据断面水质状况、水站环境条件和分析仪器的要求制定易耗品的更换周期，做到定期更换；对使用期限有规定的易耗品应严格按使用规定期限定期进行更换；

（2）定期清洗和更换仪器进样管；

（3）建立零配件库，根据不同零配件和易耗件的更换周期，提前备货；

（4）试剂更换；

①水站仪器所用试剂的更换周期应根据试剂稳定性和保质期确定，室/舱内温度较高时应缩短更换周期，试剂的更换周期不得超过 20 d；

②试剂更换后，应进行一次自动监测仪器的校准和标液核查；

③试剂更换后应记录试剂更换日期，并给出下次试剂更换日期；根据试剂消耗量及下次更换日期，及时准备试剂。

（5）保养检修

①水站的监测仪器设备每年至少进行 1 次检修；

②按维护手册的要求，根据使用寿命，更换监测仪器中的光源、电极、泵、阀、传感器等关键零部件；

③对仪器光路、液路、电路板和各种接头及插座等进行检查和清洁处理；

（6）根据废液产生量及时进行妥善处理。

7.2.2.3　控制单元及通信单元

（1）定期强制切断电源复位工控机查看是否可以自动启动，并运行操作系统、加载现场监控软件，查看串口通信是否正常；

（2）定期对网络通信设备进行断电重启，查看启动后是否通信正常；

（3）每月检查开机过程中硬件自检过程是否有异常数据传输和报警；

（4）每月对工控机进行杀毒，保证软件正常运行。

7.2.2.4　其他站辅助设备

（1）定期检查稳压电源及 UPS 的输出是否符合技术要求，异常情况须及时排查处理；

（2）每月至少检查一次空气压缩机气泵和清水增压泵的工作状况，并对空气过滤器进行放水；

（3）定期检查并清洗自动留样器取样头滤网，检查采样泵、采样分配单元、低温冷藏模块等的工作状况是否正常，采样瓶是否干净、无破损；

（4）按厂家提供的使用和维修手册规定的要求，根据使用寿命，更换自动留样器中的泵、阀、传感器等关键零部件；

（5）定期检查摄像头是否破损，视频设备功能是否正常，包括摄像机、视频存储、云台控制等。

7.2.2.5 浮船站辅助设备

（1）定期检查蓄电池工作状态，必要时采用外接电源或发电机进行充电；

（2）定期检查舱室漏水报警设备工作状态；

（3）定期检查救生圈充气状态；

（4）定期检查摄像头是否破损，视频设备功能是否正常，包括摄像、视频存储等。

7.2.2.6 备机

每月对备用仪器进行一次标样核查，如核查结果不符合 6.1.3 规定的质控评价要求，应重新进行一次校准和核查，如仍不符合表 6.1.3 的规定，则应进入维护状态。

7.2.2.7 其他

（1）数据备份：每月对监测数据进行一次备份，备份数据单独存储。

（2）长时间停机：当分析仪需要停机 48 h 或更长时间时，关闭分析仪器和进样阀，关闭电源；用纯水清洗分析仪器的蠕动泵以及试剂管路，清洗检测池并排空；再次运行时仪器须重新校准，并进行一次自动分析仪器的多点线性检查。

7.3 应急维护

7.3.1 数据异常处置

7.3.1.1 出现以下情况的可确认为数据异常

（1）监测中断的数据；

（2）监测数据长时间不变或短时间突变；

（3）监测仪器设备状态参数异常、过程日志异常或监测仪器设备故障的监测数据；

（4）经监测项目之间相关性分析、气象条件、水站所在地历史数据分析认为明显违背常理的监测数据。

7.3.1.2 发生数据异常情况时，应及时采取相关质控措施进行排查，查明并分析原因，

记录备案并上报

（1）确认仪器通信存在障碍或仪器状态异常、仪器故障的，应尽快前往现场查明原因，进行故障处理。

（2）远程启动跨度核查，核查未通过时应前往现场查明原因，进行故障处理。

7.3.2 水站系统异常处理

（1）当水站出现故障时运维单位在 8 h（工作时间）内立刻响应，并在 24 h 内解决所有故障；

（2）对于在现场能够诊断明确，且可通过更换备件解决的问题（例如电磁阀故障、泵管破裂、液路堵塞和灯源老化等问题）则在现场进行检修；

（3）对于其他不易诊断和检修的故障，或 48 h 内无法排除的仪器故障，应采用备用仪器替代发生故障的仪器，将发生故障的仪器或配件送实验室或仪器厂商进行检查和维修；

（4）当浮船站确认遭遇了非法入侵、碰撞损坏、舱室渗水、GPS 位置大范围偏移、电量不足等情况时，应进行应急维护。

7.3.3 人工补测要求

（1）水站日常监测的项目均为补测项目；

（2）水站长时间停电或停水（自来水）超过 48 h 需人工补测 1 次，后续每周人工补测 2 次（补测间隙不小于 3 d），直至水电恢复正常供应；

（3）水位不足造成水站无法取样分析超过 48 h 需人工补测 1 次，后续每周人工补测 2 次（补测间隙不小于 3 d），直至河流水位恢复正常；

（4）由于采水设施损毁造成的水站无法取样分析超过 48 h 人工补测 1 次，后续每周人工补测 2 次（补测间隙不小于 3 d），直至河流水位恢复正常；

（5）河流断面处于冰封期无法正常运行时应每周人工补测 2 次，补测间隙不小于 3 d，直至河流冰封期解除；

（6）当发生台风、断流等不可抗力因素导致无法人工采样时的缺失数据将不参与统计。

8 运行档案与记录

8.1 技术档案和运行记录的基本要求

8.1.1 水站运行与考核的技术档案包括仪器的说明书、系统安装调试记录、试运行记录、验收监测记录、仪器的质控报告、仪器的适用性检测报告以及各类运行记录。

8.1.2 运行记录应清晰、完整，现场记录应在现场及时填写并签字。与仪器相关的记录可放置在现场并妥善保存，运行档案应至少保存 3 年。

8.2 运行记录表要求

运维单位可根据实际需求及管理需要自行设计各类记录表，各记录表包含内容至少包含如下内容。

8.2.1 水站基本情况信息表

需包含水站所在流域及水体名称、水站名称、水站地址、经纬度、上下游污染情况、支流汇入情况、水系图、运维单位、水站类型、站房面积、采水方式、取水口与岸边距离、取水口到站房距离、通信方式、投运时间、监测项目、设备型号及出厂编号、生产商、适用性检测报告编号、仪器分析原理等信息。

8.2.2 水站仪器参数设置记录表

需包含水站名称、仪器名称及型号、测量原理及分析方法、测试周期、仪表关键参数（包括工作曲线斜率和截距、消解温度及时间、冷却温度及时间、显色温度及时间）、分析试样润洗次数及进样量、试剂用量等信息。

8.2.3 水站远程巡视记录表

需包含水站名称、巡视日期、运维单位、巡视人员、各仪器工作状态、监测数据获取状况、24 h 零点核查和跨度核查情况、视频监视情况和异常情况处理措施等信息。

8.2.4 水站巡检维护记录表

需包含水站名称、维护日期、运维单位、维护人员、运维内容及处理说明（包含采样单元检查、仪器设备检查、数据采集传输单元检查、辅助单元检查和异常情况处理）等。

8.2.5 水站试剂及标准样品更换记录表

需包含水站名称、维护日期、运维单位、维护人员、仪器名称、试剂名称、试剂浓度、试剂体积数、试剂配置时间、试剂更换时间等信息。

8.2.6 校准、标液核查检查结果记录表

需包含水站名称、测试日期、运维单位、测试人员、仪器名称、本次校准和标液核查情况（包含校准试剂、校准是否通过、核查时间、核查是否合格）、上次校准和标液核查情况、检查情况等信息。

8.2.7 仪器设备检修记录表

需包含水站名称、维护日期、运维单位、维护人员、故障仪器或设备型号及编号、

故障情况及发生时间、检修情况说明、部件更换说明、修复后使用前校准时间、校准结果说明、正常投入使用时间等信息。

8.2.8 易耗品和备品备件更换记录表

需包含水站名称、维护日期、运维单位、维护人员、易耗品或备品备件名称、规格型号、数量、更换日期、更换原因说明等信息。

8.2.9 水站监测数据报表

数据报表包含原始数据、日均值、月均值等。各监测项目（pH 除外）日均值的计算均采用当日有效数据算术平均的方法，月均值的计算采用日均值的算术均值。每超过 48 h 无自动监测数据的应人工补测数据，并备注；日均值的数据采集时段为 0:00～24:00，月均值的数据采集时段为 1 日至月末；相关报表参见附录 A.1～A.2。

8.2.10 数据审核表

需包含水站名称、统计日期、运维单位、统计人员、监测项目、数据判别依据。

8.2.11 水站运维报告

需包含水站名称、实际维护日期、水站仪器配置、维护人员、维护项目、维护情况说明、当月数据获取率和数据有效率等信息。

8.2.12 水站质控报告

需包含水站名称、质控日期、维护人员、仪器配置、各监测项目标准溶液浓度、已实施的质控措施、实际质控时间、质控技术指标要求、质控情况说明、数据有效率等信息（参见附录 C）。

附录 A　水质自动监测站分析仪器质控措施检测方法
（规范性附录）

A.1　氨氮、高锰酸盐指数、总磷、总氮水质分析仪质控措施核查方法

A.1.1　24 h 零点核查

水质自动分析仪测试跨度值 0～10%的标准溶液，测试结果以绝对误差（AE）表示，计算公式如下：

$$AE = x_i - c \tag{1}$$

式中：AE —— 绝对误差，mg/L；

x_i —— 仪器零点测定值，mg/L；

c —— 标准溶液浓度值，mg/L。

A.1.2　24 h 零点漂移

水质自动分析仪采用跨度值 0～10%的标准溶液，以 24 h 为周期进行零点漂移测试，计算公式如下：

$$ZD = \frac{x_i - x_{i-1}}{S} \times 100\% \tag{2}$$

式中：ZD —— 24 h 零点漂移；

x_i —— 当日仪器零点测定值，mg/L；

x_{i-1} —— 前一日仪器零点测定值，mg/L；

S —— 仪器跨度值，mg/L。

A.1.3　24 h 跨度核查

使用跨度值 80%左右的标准溶液对水质自动分析仪进行跨度核查，核查结果以相对误差（RE）表示，计算公式如下：

$$RE = \frac{x_i - c}{c} \times 100\% \tag{3}$$

式中：RE —— 相对误差；

x_i —— 仪器测定值，mg/L；

c —— 标准溶液浓度值，mg/L。

A.1.4 24 h 跨度漂移

水质自动分析仪采用跨度值 80%左右的标准溶液，以 24 h 为周期进行跨度漂移测试，计算公式如下：

$$\mathrm{SD}=\frac{x_i-x_{i-1}}{S}\times 100\% \tag{4}$$

式中：SD —— 24 h 跨度漂移；

x_i —— 当日仪器测定值，mg/L；

x_{i-1} —— 前一日仪器测定值，mg/L；

S —— 仪器跨度值，mg/L。

A.1.5 多点线性检查

指水质自动分析仪依次测试跨度范围内 4 个点（含零点、低、中、高 4 个浓度）的标准溶液，基于最小二乘法进行线性拟合，并计算每个点测试的示值误差。

空白样测试的示值误差以绝对误差表示，其他 3 个浓度标准溶液测试的示值误差以相对误差表示。

A.1.6 加标回收率自动测定

仪器进行一次实际水样测定后，对同一样品加入一定量的标准溶液，仪器测试加标后样品，以加标前后水样的测定值计算回收率。

$$R=\frac{B-A}{\dfrac{V_1\times C}{V_2}}\times 100\% \tag{5}$$

式中：R —— 加标回收率；

B —— 加标后水样测定值；

A —— 样品测定值；

V_1 —— 加标体积，ml；

C —— 加标样浓度，mg/L；

V_2 —— 加标后水样体积，ml。

注：当被测水样浓度低于分析仪器的 4 倍检出限时，加标量应为分析仪器 4 倍检出限浓度；加标量应尽量与样品待测物含量相等或相近，加标体积不得超过样品体积的 1%；当被测水样浓度高于分析仪器的 4 倍检出限时，加标量为水样浓度的 0.5～3 倍。当加标浓度超出分析仪器的量程时，分析仪器自动切换到合适量程进行测试。

A.1.7 集成干预检查

指在采水口处人工采集水样，沉淀 30 min 后经自动分析仪器直接测试，与系统自动测定的结果进行比对，检查系统集成对水质的影响。

$$\mathrm{RE}_i = \frac{|A_2 - A_1|}{\frac{A_2 + A_1}{2}} \times 100\% \tag{6}$$

式中：RE_i —— 仪器相对偏差；

A_1 —— 系统自动测试结果；

A_2 —— 人工采样仪器测试结果。

A.1.8 实际水样比对

开展实际水样比对，实验室按照国家标准方法开展实验室手工分析，自动监测的结果相对于实验室手工分析结果的相对误差应满足要求。

A.2 常规五参数水质分析仪质控措施核查方法

A.2.1 标样核查

使用标准溶液（购买标准溶液或自行配制）对自动监测仪器进行标样核查；标样核查结果以绝对误差（AE）或相对误差（RE）表示；温度、pH、溶解氧测试结果按照绝对误差进行检查，计算公式如下：

$$\mathrm{AE} = x_i - c \tag{7}$$

式中：AE —— 绝对误差；

x_i —— 仪器测定值；

c —— 标准值。

电导率、浊度测试结果按照相对误差进行检查，计算公式如下：

$$\mathrm{RE} = \frac{x_i - c}{c} \times 100\% \tag{8}$$

式中：RE —— 相对误差；

x_i —— 仪器测定值；

c —— 标准值。

注：①pH 选用 25℃时 pH=4.01、6.86、9.18 标准 pH 缓冲溶液进行核查，每月至少应进行 2 个不同浓度标准溶液核查。

②溶解氧每月应进行无氧水核查和空气中饱和溶解氧核查；电导率和浊度每月应采用与监测断面水质监测项目浓度相接近的标准溶液及其 2 倍浓度标准溶液进行核查。

A.2.2 实际水样比对

开展实际水样比对，可与经过认证的便携式仪器或第三方实验室比对，自动监测的结果相对于便携式仪器或实验室测试结果的误差应满足要求。

A.3 叶绿素 a 和蓝绿藻密度水质分析仪质控措施核查方法

A.3.1 多点线性核查

叶绿素 a 采用浓度均匀分布跨度值范围内 4 个标准溶液进行多点线性核查。当水体为贫营养、中营养时，叶绿素 a 跨度值为中营养标准限值的 2.5 倍，富营养值跨度值为标准限值的 2.5 倍；重富营养跨度值采用上一周的水质平均值的 2.5 倍。蓝绿藻密度浓度为采用 0、25 000 cells/ml、50 000 cells/ml、150 000 cells/ml 附近的标准溶液进行多点线性核查。其中，叶绿素 a 和蓝绿藻密度的标准溶液采用标准物质或等效物质配置。将测试结果与标准溶液浓度基于最小二乘法进行线性拟合，并计算每种标准溶液的示值误差。

A.3.2 实际水样比对

开展叶绿素 a 实际水样比对，可与第三方实验室或经过相关认证的便携式仪器比对，自动监测的结果相对于便携式仪器或实验室测试结果的误差应满足要求。

附录 B 地表水水质自动监测站监测数据报表
（规范性附录）

表 B-1 ____水质自动监测站 20____年__月__日监测数据日报表

水质自动监测站名称：							统计人员：					
运维单位：							统计日期：					
时间	水温/℃	pH	溶解氧/（mg/L）	电导率/（μS/cm）	浊度/NTU	氨氮/（mg/L）	高锰酸盐指数/（mg/L）	总磷/（mg/L）	总氮/（mg/L）	叶绿素 a/（μg/L）	蓝绿藻密度/（cells/ml）	……
0:00												
1:00						—	—	—	—			—
2:00						—	—	—	—			—
3:00						—	—	—	—			—
4:00												
5:00						—	—	—	—			—
6:00						—	—	—	—			—
7:00						—	—	—	—			—
8:00												
9:00						—	—	—	—			—
10:00						—	—	—	—			—
11:00						—	—	—	—			—
12:00												
13:00						—	—	—	—			—
14:00						—	—	—	—			—
15:00						—	—	—	—			—
16:00												
17:00						—	—	—	—			—
18:00						—	—	—	—			—
19:00						—	—	—	—			—
20:00												
21:00						—	—	—	—			—
22:00						—	—	—	—			—
23:00						—	—	—	—			—
日均值												
说明：												

表 B-2 _____水质自动监测站 20____年__月监测数据月报表

<table>
<tr><td colspan="6">水质自动监测站名称：</td><td colspan="6">统计人员：</td></tr>
<tr><td colspan="6">运维单位：</td><td colspan="6">统计日期：</td></tr>
<tr><td>日期</td><td>pH
日均值</td><td>溶解氧
日均值/
（mg/L）</td><td>电导率
日均值/
（μS/cm）</td><td>浊　度
日均值/
NTU</td><td>氨　氮
日均值/
（mg/L）</td><td>高锰酸
盐指数
日均值/
（mg/L）</td><td>总　磷
日均值
（mg/L）</td><td>总　氮
日均值/
（mg/L）</td><td>叶绿素 a/
（μg/L）</td><td>蓝绿藻密度/
（cells/ml）</td><td>……</td></tr>
<tr><td>1</td><td></td><td></td><td></td><td></td><td></td><td></td><td></td><td></td><td></td><td></td><td></td></tr>
<tr><td>2</td><td></td><td></td><td></td><td></td><td></td><td></td><td></td><td></td><td></td><td></td><td></td></tr>
<tr><td>3</td><td></td><td></td><td></td><td></td><td></td><td></td><td></td><td></td><td></td><td></td><td></td></tr>
<tr><td>…</td><td></td><td></td><td></td><td></td><td></td><td></td><td></td><td></td><td></td><td></td><td></td></tr>
<tr><td>28</td><td></td><td></td><td></td><td></td><td></td><td></td><td></td><td></td><td></td><td></td><td></td></tr>
<tr><td>29</td><td></td><td></td><td></td><td></td><td></td><td></td><td></td><td></td><td></td><td></td><td></td></tr>
<tr><td>30</td><td></td><td></td><td></td><td></td><td></td><td></td><td></td><td></td><td></td><td></td><td></td></tr>
<tr><td>31</td><td></td><td></td><td></td><td></td><td></td><td></td><td></td><td></td><td></td><td></td><td></td></tr>
<tr><td>月均值</td><td></td><td></td><td></td><td></td><td></td><td></td><td></td><td></td><td></td><td></td><td></td></tr>
<tr><td>水质类别</td><td></td><td></td><td></td><td></td><td></td><td></td><td></td><td></td><td></td><td></td><td></td></tr>
<tr><td>备注：</td><td colspan="11"></td></tr>
</table>

附录C 地表水水质自动监测站质控报告
（资料性附录）

×××水质自动监测站

20××年××月质控报告

运维单位：

二〇 年 月 日

注：本报告内容为参考性内容，可根据实际需求进行修改。

一、基本情况

水质自动监测站名称			运维单位			
水质自动监测站仪器配置	序号	水质自动监测仪器				分析方法
		监测项目	型号	生产商	量程	
	1	常规五参数				
	2	叶绿素 a				
	3	蓝绿藻密度				
	4	氨氮				
	5	高锰酸盐指数				
	6	总磷				
	7	总氮				
	…	……				
水质自动监测站质控措施	序号	已实施的质控项目				备注
	1	24 h 零点漂移核查和 24 h 跨度漂移核查				
	2	标样核查				
	3	多点线性核查				
	4	实际水样比对				
	5	加标回收率自动测定				
	6	集成干预检查				
	…	……				
其他						

二、质控核查情况

（1）零点核查、24 h 零点漂移、跨度核查、24 h 跨度漂移报表

监测项目	氨氮					高锰酸盐指数					总磷					总氮				
时间	零点核查	24 h 零点漂移	零点核查	零点核查	24 h 零点漂移	跨度核查	24 h 跨度漂移	是否合格	24 h 零点漂移	跨度核查	24 h 跨度漂移	是否合格	跨度核查	24 h 跨度漂移	是否合格	零点核查	24 h 零点漂移	跨度核查	24 h 跨度漂移	是否合格
1																				
2																				
…																				
29																				
30																				
31																				
有效数据数量																				

（2）常规五参数标样核查

监测项目	水温/℃			pH			溶解氧/（mg/L）			电导率/（μS/cm）			浊度/NTU		
测试日期	检测温度	测定温度	是否合格	标液浓度	测定结果	是否合格	标样浓度	测定结果	是否合格	标液浓度	测定结果	是否合格	标液浓度	测定结果	是否合格

（3）多点线性核查

监测项目	测定顺序	测定日期	标准溶液浓度/（mg/L）	测定值/（mg/L）	测定结果	
					准确度	
氨氮	1					相关系数 γ = 是否合格：
	2					
	3					
	4					
高锰酸盐指数	1					相关系数 γ = 是否合格：
	2					
	3					
	4					
总磷	1					相关系数 γ = 是否合格：
	2					
	3					
	4					
总氮	1					相关系数 γ = 是否合格：
	2					
	3					
	4					
叶绿素 a	1					相关系数 γ = 是否合格：
	2					
	3					
	4					
蓝绿藻密度	1					相关系数 γ = 是否合格：
	2					
	3					
	4					
…						

（4）集成干预检查

监测项目	系统测试结果/（mg/L）	仪器测试结果/（mg/L）	相对偏差/%	是否合格

（5）加标回收率

监测项目	样品体积/ml	加标样		加标前样品测定结果/（mg/L）	加标后样品测定结果/（mg/L）	加标回收率	是否合格
		加标液浓度/（mg/L）	加标体积/ml				
氨氮							
高锰酸盐指数							
总磷							
总氮							
…							

（6）实际水样比对

测试日期：________________　　测试人员：________________

序号	监测项目	单位	仪器测定结果	实验室测定结果	是否合格
1	水温	℃			
2	pH	—			
3	溶解氧	mg/L			
4	电导率	μS/cm			
5	浊度	NTU			
6	叶绿素 a	μg/L			
7	氨氮	mg/L			
8	高锰酸盐指数	mg/L			
9	总磷	mg/L			
10	总氮	mg/L			
…	…				

三、数据有效率报表

监测项目	应获取监测数据数量	获取有效数据数量	数据有效率	是否合格	备注
水温					
pH					
溶解氧					
电导率					
浊度					
氨氮					
高锰酸盐指数					
总磷					
总氮					
叶绿素 a					
蓝绿藻密度					
……					

注：监测项目数据有效率为获取有效数据数量与月应获取监测数据数量之比。

四、其他说明

附录D 水质自动监测站远程巡视记录表
（资料性附录）

水质自动监测站名称：			巡视人员：
运维单位：			巡视日期：
项目	内容	状态	说明
视频监视	水位		
	采水设施		
	站房内情况		
	站房外情况		
仪器工作状态	水温		
	pH		
	溶解氧		
	电导率		
	浊度		
	叶绿素a		
	蓝绿藻密度		
	氨氮		
	高锰酸盐指数		
	总磷		
	总氮		
	……		
监测数据获取	水温		
	pH		
	溶解氧		
	电导率		
	浊度		
	叶绿素a		
	蓝绿藻密度		
	氨氮		
	高锰酸盐指数		
	总磷		
	总氮		
	……		
异常情况处理记录			
正常填写“√”；不正常填写“×”并及时处理并做相应说明；未检查则不用标识			

地表水水质自动监测站安装验收技术要求

1 适用范围

本技术要求规定了地表水水质自动监测站（以下简称水站）系统组成、安装条件、设备安装、系统调试、试运行、验收及档案与记录等要求。

本技术要求适用于固定式、简易式、小型式和浮船式等地表水自动监测站的安装、调试、试运行及验收。本技术要求适用的监测项目为常规五参数、氨氮、高锰酸盐指数、总磷、总氮、叶绿素 a、蓝绿藻密度等参数，其他参数可参照本技术要求。

2 规范性引用文件

本技术要求内容引用了下列文件或其中的条款。凡是未注明日期的引用文件，其有效版本适用于本技术要求。

GB 3838　地表水环境质量标准

GB 5023　额定电压 450～750 V 及以下聚氯乙烯绝缘电缆

GB 50057　建筑物防雷设计规范

GB 50093　自动化仪表工程施工及验收规范

GB 50168　电气装置安装工程电缆线路施工及验收规范

HJ/T 91　地表水和污水监测技术规范

HJ/T 96　pH 水质自动分析仪技术要求

HJ/T 97　电导率水质自动分析仪技术要求

HJ/T 98　浊度水质自动分析仪技术要求

HJ/T 99　溶解氧（DO）水质自动分析仪技术要求

HJ/T 100　高锰酸盐指数水质自动分析仪技术要求

HJ/T 101　氨氮水质自动分析仪技术要求

HJ/T 102　总氮水质自动分析仪技术要求

HJ/T 103	总磷水质自动分析仪技术要求
HJ/T 372	水质自动采样器技术要求及检测方法
HJ 915	地表水自动监测技术规范（试行）
	地表水水质自动监测站站房与采水单元建设技术要求
	国家地表水自动监测仪器通信协议技术要求
	国家地表水自动监测系统通信协议技术要求
	地表水水质自动监测站运行维护技术要求

3 术语和定义

下列术语和定义适用于本技术要求。

3.1 固定式水质自动监测站 stationary water quality automatic monitoring system

采用《地表水自动监测站站房与采水单元建设技术要求》的定义。

3.2 简易式水质自动监测站 simplified water quality automatic monitoring system

采用《地表水自动监测站站房与采水单元建设技术要求》的定义。

3.3 小型式水质自动监测站 small water quality automatic monitoring system

采用《地表水自动监测站站房与采水单元建设技术要求》的定义。

3.4 浮船式水质自动监测站 floating type automatic monitoring system

以舱式单体浮船为载体的水质自动监测系统。

3.5 跨度 span

指适用于所处断面水质的测量范围，跨度值应根据监测项目的水质类别进行设置。

当监测项目的水质类别为Ⅰ～Ⅱ类时，跨度值均采用Ⅱ类水水质标准限值的 2.5 倍；为Ⅲ～劣Ⅴ类时，跨度值为水质类别标准限值的 2.5 倍；总磷（湖、库）Ⅰ～Ⅲ类水跨度值为 0.2 mg/L，当监测项目无水质标准限值时，跨度值为监测项目上一周的水质平均值的 2.5 倍。

3.6 零点核查 zero check

指采用水质自动分析仪测试跨度值 0～10%的标准溶液的示值误差，判断仪器可靠性的措施。

3.7 跨度核查 span check

指采用水质自动分析仪测试跨度值 80%左右的标准溶液的示值误差，判断仪器可靠性的措施。

3.8 24 h 零点漂移 24 Hours zero drift

指水质自动分析仪以 24 h 为周期，测试跨度值 0～10%的标准溶液，仪器指示值在 24 h 前后的变化，具体示例如图 1 所示。

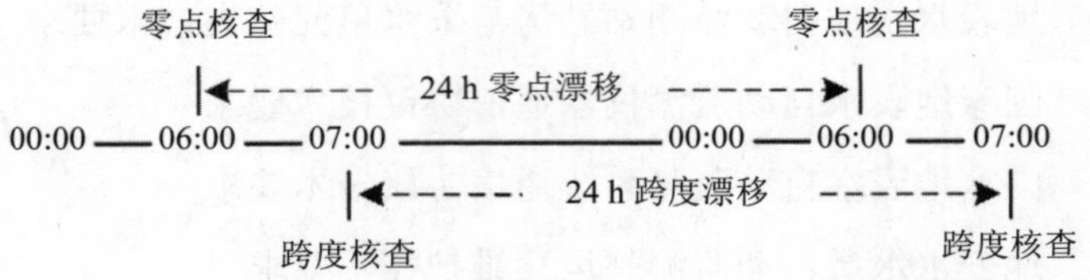

图 1 24 h 零点漂移和跨度漂移检测方法示例

3.9 24 h 跨度漂移 24 Hours span drift

指水质自动分析仪以 24 h 为周期，测试跨度值 80%左右的标准溶液，仪器指示值在 24 h 前后的变化，具体示例如图 1 所示。

3.10 集成干预检查 Integrated interference check

指系统开始采水时在采水口处人工采集水样，沉淀 30 min 后取上清液摇匀待系统测试完毕后，直接经水质自动分析仪测试，与系统自动测定的结果进行比对，检查系统集成对水质的影响。

3.11 多点线性核查 Multipoint linear verification

指水质自动分析仪依次测试跨度范围内 4 个点（含空白、低、中、高 4 个浓度）的标准溶液，根据测试结果进行线性拟合，用以判定数据可靠性的措施。

3.12 过程日志 Process logs

指水站进行采配水、分析、清洗至流程结束整个监测过程的状态信息，应至少包括各步骤启动时间、工作状态、分析过程等信息。

3.13 维护区间 Maintenance period

指仪器进入更换试剂、更换部件、人工校准等维护至满足质控要求的区间。

3.14 失控状态 Out of control state

指水站处于仪器设备维护及不满足质控要求区间的状态。

3.15 无效数据 Invalid data

指系统处于失控状态、平台未获取到等未通过审核的数据。

3.16 水质自动综合监管平台 Comprehensive monitoring platform for automatic monitoring of water quality

对水质自动监测站进行数据采集、存储、远程控制，并具有运维管理、质控管理、数据综合应用等功能的软件系统。

4 系统组成

固定式、简易式、小型式水站由监测站房、采水单元、配水单元、分析单元、质控单元、留样单元、控制单元和辅助单元等组成，水站系统组成如图 2 所示。

浮船式水质自动监测站（以下简称浮船站）由浮体平台（船体、浮柱、防撞装置等）、预处理单元、分析单元、控制单元和辅助单元（供电单元、视频监控单元、安防单元等）等组成，浮船站系统组成如图 3 所示。

5 安装条件

仪器设备安装前，应首先确认监测站房和采水单元等基础设施是否满足《地表水自动监测站站房与采水单元建设技术要求》的要求，主要进行如下检查，具体要求按照附录 A 基础设施核查表逐项进行检查。

（1）站房面积、装修、暖通配置、安全防护等；

（2）站房是否满足四通一平要求（通电、通水、通网、通路、地基平整）；

（3）确认监测点位与国考断面两者水质类别是否一致；

（4）采水管线是否接入设备安装区，室外采水管道的清洗配套装置、防堵塞装置和保温配套装置等以及采水泵电缆的安全使用等；

（5）浮船站应在监测断面附近寻找适合浮船吊装卸货的泊岸或码头，同时应考虑吊装和现场拼装工序对当地交通的影响。

6 安装要求

6.1 安装准备

承建单位进行设备安装前应做以下准备：

（1）测量仪器间尺寸方便布局，了解采水方式；

（2）安装操作手册、档案管理表单、施工计划等；

（3）货物及安装工具；

（4）浮船站的专用吊具及牵引船只。

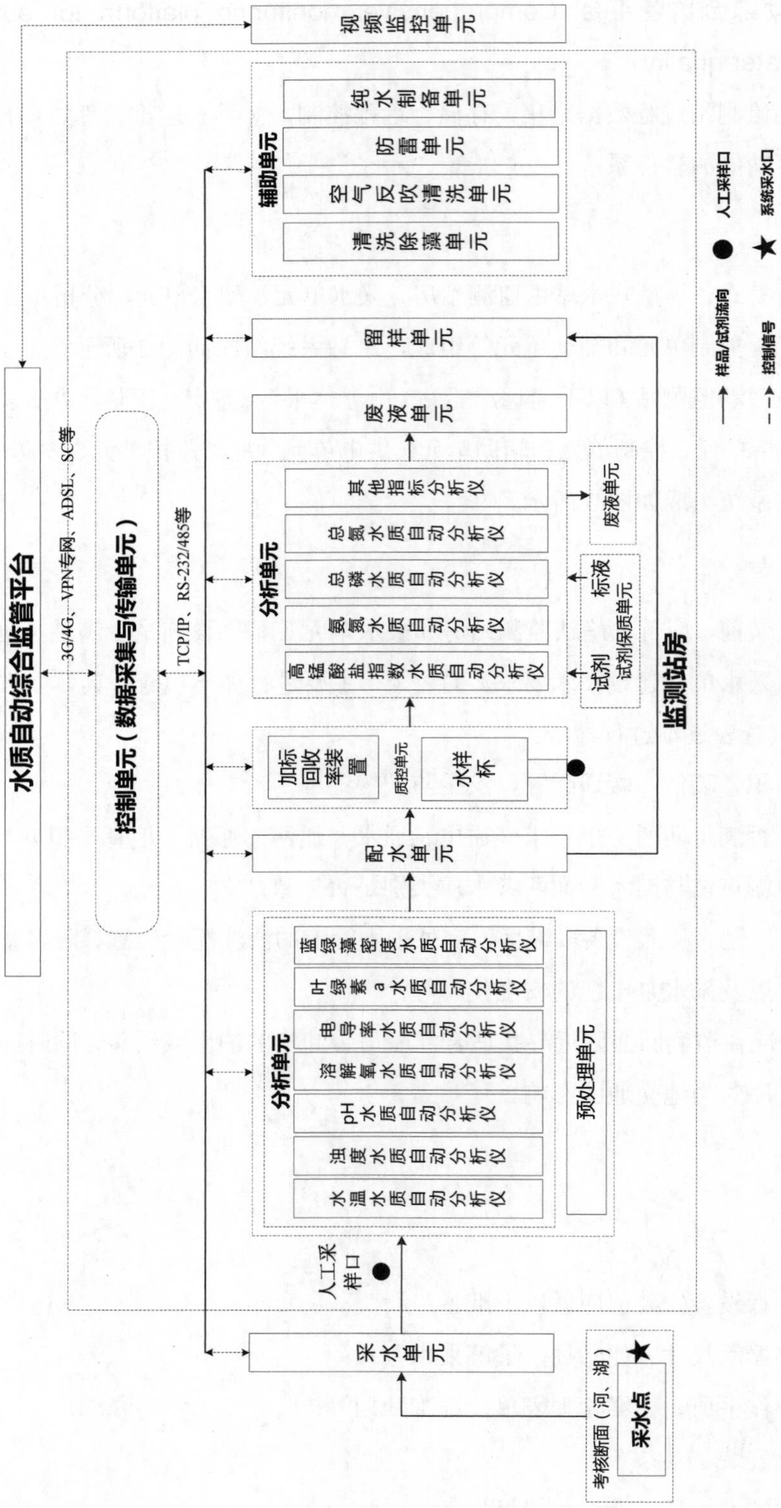
水质自动综合监管平台
3G/4G、VPN专网、ADSL、SC等
控制单元（数据采集与传输单元）
TCP/IP、RS-232/485等
视频监控单元
辅助单元
纯水制备单元
防雷单元
空气反吹清洗单元
清洗除藻单元
留样单元
废液单元
分析单元
高锰酸盐指数水质自动分析仪
氨氮水质自动分析仪
总磷水质自动分析仪
总氮水质自动分析仪
其他指标分析仪
试剂
标液
试剂保质单元
废液单元
监测站房
加标回收率装置
质控单元
水样杯
配水单元
分析单元
水温水质自动分析仪
浊度水质自动分析仪
pH水质自动分析仪
溶解氧水质自动分析仪
电导率水质自动分析仪
叶绿素a水质自动分析仪
蓝绿藻密度水质自动分析仪
预处理单元
人工采样口
采水单元
考核断面（河、湖）
采水点
样品/试剂流向
控制信号
人工采样口
系统采水口

图2 系统组成示例图

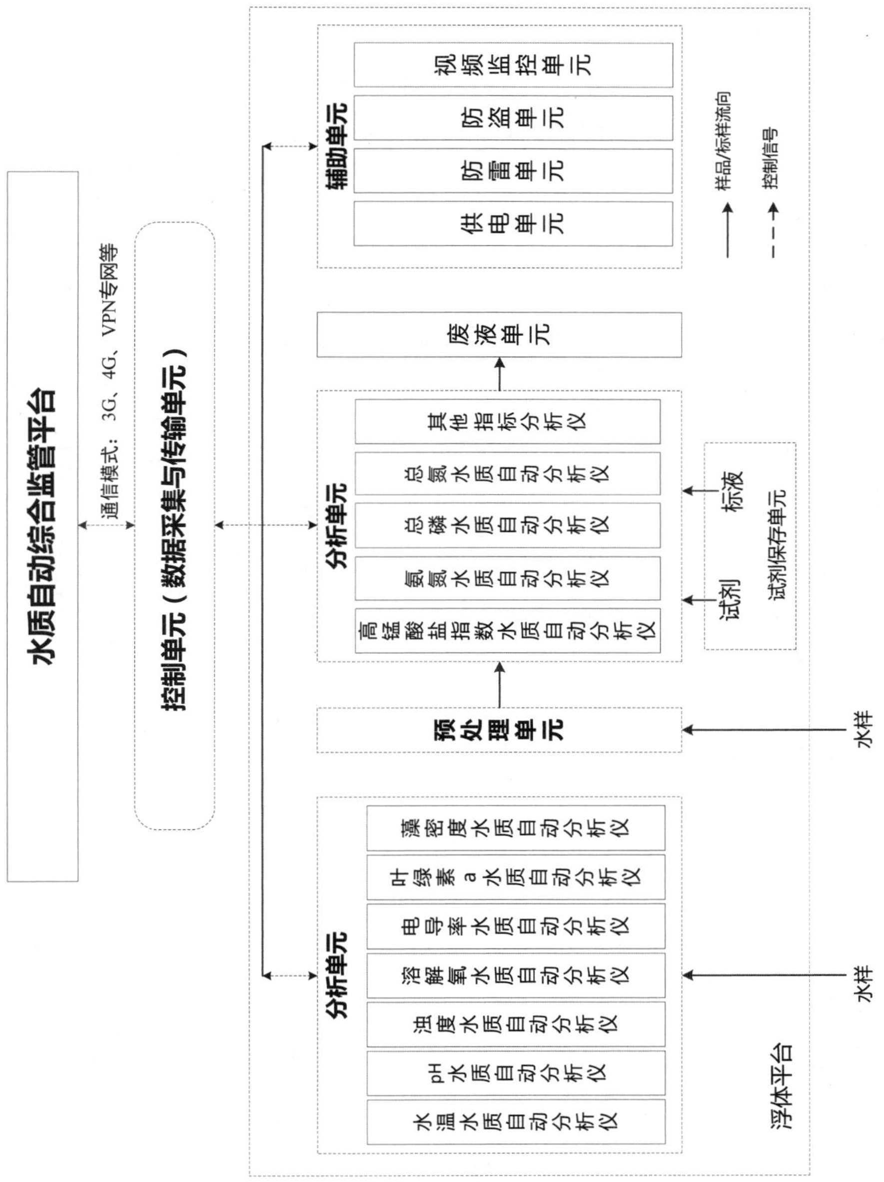
水质自动综合监管平台
通信模式：3G、4G、VPN专网等
控制单元（数据采集与传输单元）
辅助单元
视频监控单元
防盗单元
防雷单元
供电单元
样品/标样流向
控制信号
废液单元
分析单元
其他指标分析仪
总氮水质自动分析仪
总磷水质自动分析仪
氨氮水质自动分析仪
高锰酸盐指数水质自动分析仪
标液
试剂
试剂保存单元
预处理单元
水样
分析单元
藻密度水质自动分析仪
叶绿素a水质自动分析仪
电导率水质自动分析仪
溶解氧水质自动分析仪
浊度水质自动分析仪
pH水质自动分析仪
水温水质自动分析仪
水样
浮体平台

图3 系统组成示例图

6.2 固定式、简易式、小型式水站现场安装

（1）机柜布局按照配水方向，建议分析仪器摆放顺序依次为常规五参数、氨氮、高锰酸盐指数、总磷、总氮及特征污染物；

（2）机柜应预留扩展参数的安装与接入空间；

（3）柜体拼装按照横平竖直、整齐美观、紧固的原则；

（4）柜体应放置于平整坚实地面，避免设备在运行过程中遭受较大震动；

（5）小型站应做好墩基设计与建设工作，保证不影响进样和排水；

（6）柜体与仪器不应有电位差，机柜间不应有电位差，应就近接入等电位接地网；

（7）柜体内部按照水电隔离原则进行布置，标识清晰、明确、布线美观；

（8）柜体或支撑架与各仪器的连接及固定部位应受力均匀、连接可靠，不应承受非正常的外力，必要时具备减振措施。

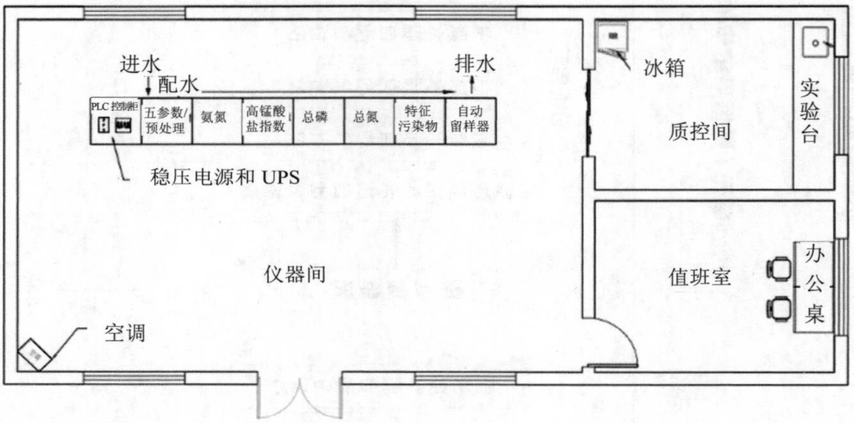

图 4　站房设备安装布局示例

6.3 浮船站现场安装

6.3.1　浮船站运抵准备场地后应对浮柱、防撞装置、踏板等外围组件进行现场安装。

6.3.2　浮柱、防撞装置等船体组件应紧固安装，保证浮船能抵御 8 级以上大风。

6.3.3　采用专用吊具对浮船进行吊装，吊装前检查确认船体组件安装是否牢固，吊具与船体的连接是否可靠。

6.3.4　起吊时应使船体缓慢离地，待确认船体平衡后再转移至水面上方并缓慢下放，吊装全程严禁船体与岸基或其他障碍物接触。

6.3.5　浮船下水后，需用锚链将浮船固定于泊岸。

6.3.6 牵引操作应符合行船安全要求，保证浮船站平稳、安全抵达监测点位。

6.3.7 船体锚定方式可根据现场水深、水文条件选择合适的单锚、八字锚或双八字锚等锚定方式。

6.3.8 锚的类型可根据底质条件选用合适重量的霍尔锚、三角锚等。

6.3.9 锚应选择防腐蚀、防磨损材料，锚链应保证有足够强度，保证船体相对稳定。

6.3.10 锚绳或锚链可选用合适粗细的尼龙生丝、铁制锚链、丙纶等材质，锚绳或锚链长度介于最大水深的1.2～1.5倍。

6.4 集成管线连接

6.4.1 管路连接

6.4.1.1 集成管路连接应做到水电分离、标识清晰、流路走向明确、设计合理，便于维护。

6.4.1.2 采水管路应能满足接入水站采水管接口管径和水压水量要求。

6.4.1.3 管路应选择化学稳定性好，不改变水样的代表性的管材。

6.4.1.4 管道材质应有足够的强度，可以承受内压，且使用年限长、性能可靠。

6.4.1.5 预处理单元应尽可能满足标准分析方法中对样品的要求，可在不违背标准分析方法的情况下根据不同仪器采取恰当的预处理方式（如沉淀、过滤、均化等）。

6.4.1.6 系统应具有预处理旁路系统，当针对泥沙较大水体、暴雨期间、泄洪、丰水期等浊度影响较大的情况影响测试时，应能够自动切换至预处理旁路系统。

6.4.1.7 管路连接布设整齐、接口连接可靠。

6.4.1.8 管路连接应注意高度差，利于排空，在每次测试完毕后可用清洁水自动冲洗管道，冲洗完毕后自动排空。

6.4.1.9 安装于管路上的配套部件应采用可拆洗式，并装有活接头，易于拆卸和清洗。

6.4.1.10 主管路采用串联方式，管路干路中无阻拦式过滤装置，每台仪器之间管路采用并联方式，每台仪器配备各自的水样杯，任何仪器的配水管路出现故障不能影响其他仪器的测试。

6.4.1.11 站房内原水管路应设置人工取样口。

6.4.1.12 管道的配水管线铺设要科学合理、便于检修，进水管、配样管、清洗管、排水管应采用不同颜色的标识进行区分，建议标识颜色依次为进水管绿色、配样管蓝色、清洗管红色、排水管黄色。

6.4.2 电气连接

6.4.2.1 各种电缆和信号管线等应加保护管铺设科学合理，并在电缆和管路两端备注明显标识；控制单元应标注电气接线图，电缆线路的施工应满足《电气装置安装工程电缆线路施工及验收规范》（GB 50168）的相关要求。

6.4.2.2 控制柜配电装置应对各分析仪器、采水泵、留样器等单独配电并进行接地，安装独立的漏电保护开关，因某一设备出现故障，不影响其他仪器的正常工作。

6.4.2.3 敷设电缆应合理安排，不宜交叉；敷设时应避免电缆之间及电缆与其他硬物体之间的摩擦；固定时，松紧应适当；塑料绝缘、橡皮绝缘多芯控制电缆的弯曲半径，不应小于其外径的 10 倍。电力电缆的弯曲半径应符合《电气装置安装工程电缆线路施工及验收规范》（GB 50168）的相关要求。

6.4.2.4 仪器电缆与电力电缆交叉敷设时，宜成直角；当平行敷设时，其相互间的距离应符合设计文件规定；在电缆槽内，交流电源线路和仪器信号线路，应用金属隔板隔开敷设。

6.4.2.5 信号线路铺设应尽量远离强磁场和强静电场，防止信号受到干扰。

6.4.2.6 应根据采水距离选择合适的采水泵电缆线，同时应符合国标《额定电压 450～750 V 及以下聚氯乙烯绝缘电缆》（GB 5023）的相关要求。

6.4.3 数据传输与通信线路连接

6.4.3.1 水站控制单元与各分析仪器采用总线连接，可采用一主多从，电气连接采用 RS-232/485 或者 TCP/IP 总线形式，通信链路总线示意图如图 5 所示。

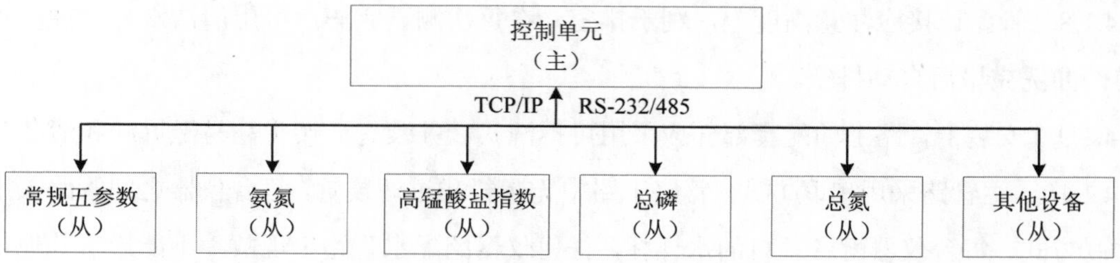

图 5 控制单元与各仪器通信链路总线连接示意图

6.4.3.2 信号线应采用双绞屏蔽电缆，抗干扰措施，信号传输距离应尽可能缩短，以减少信号损失。

6.4.3.3 信号线应与强电电缆分离。

6.5 集成配套设备安装

6.5.1 应安装电力保障设备，保障系统供电稳定（浮船站除外）。

6.5.2 应安装不间断电源设备，断电后至少能保证仪器完成一个测量周期和数据上传，且待机不少于 1 h（浮船站除外）。

6.5.3 应能够将清洁水或压缩空气送至采样头，消除采样头单向输水运行形成的淤积，防止藻类生长聚集和泥沙的沉积（浮船站除外）。

6.5.4 应安装在线预处理装置，保证系统管路内部免受泥沙和藻类影响。

6.5.5 管路中阀等部件应安装在便于检修、观察和不受机械损坏的位置。

6.6 分析仪器安装要求

6.6.1 常规五参数仪器采配水应不经过预处理直接进行分析。

6.6.2 氨氮、高锰酸盐指数、总磷、总氮及特征污染物仪器取样管，仪器至取样杯之间的管路长度不应超过 2 m。

6.6.3 自动分析仪器工作所需的高压气体钢瓶，应有固定支架，防止钢瓶跌倒。

6.6.4 仪器高温、强辐射等部件或装有强腐蚀性液体的装置，应有警示标识。

6.6.5 仪器应安装通信防雷模块。

6.7 辅助设施安装

6.7.1 自动灭火装置安装应牢固且朝向仪器方向，应有效辐射所有分析设备（浮船站除外）。

6.7.2 当监测数据异常时能够启动自动留样功能，留样后自动密封（浮船站除外）。

6.7.3 在站房或船体合适的位置安装视频监控单元，保证全方位、多视角、无盲区、全天候式监控。

6.7.4 视频监控设备可监视水质自动监测站内设备的整体运行情况，观察取水单元工作状况，水位、流量等水文情况，同时也可观察水站院落、站房、供电线路等周边环境。

6.7.5 应能够通过平台远程查看视频图像信息。

6.7.6 安装站房门禁系统，并自动记录站房出入情况并上传平台。

7 系统调试技术要求

7.1 功能检查

7.1.1 系统功能

（1）系统组成应完整；应具有良好的扩展性和兼容性，能够方便地接入新的监测项目；

（2）系统应具有异常信息记录、上传功能，如采水故障、部件故障、超标报警、缺试剂报警等信息；

（3）系统和仪器应能够实现对氨氮、高锰酸盐指数、总磷和总氮水质自动分析仪器加标回收率自动测试功能（浮船站除外）；

（4）系统应具有仪器关键参数上传、远程设置功能，能接受远程控制指令；

（5）系统应具有分析仪器及系统过程日志记录和环境参数记录功能，并能够上传至平台；

（6）在不影响试剂溶解性的情况下，系统应保证分析仪器运行时所用的化学试剂处于4±2℃低温保存（浮船站除外）；

（7）系统及仪器应具备断电再度通电后自动排空水样和试剂、自动清洗管路、自动复位到待机状态的功能；

（8）视频应实现全方位、多视角、全天候式监控，视频图像应清晰，应满足1个月的存储能力；

（9）浮船站应能够采集蓄电池电量信息，当电量低于20%时应进行低电量报警；

（10）浮船站当舱室出现漏水时应发出水浸报警；

（11）浮船站应具有船体、电源、通信三级防雷设计，应符合防雷规范的要求；

（12）当船体周边有人或物非法接近时应发出接近报警，当舱门被非法开启时，应发出开舱报警，视频监控单元应根据上述报警事件联动进行视频录制；

（13）浮船站应配备不少于3套水上救生用品（救生衣和救生圈）。

7.1.2　仪器功能

（1）氨氮、高锰酸盐指数、总磷、总氮自动分析仪应具有自动标样核查、空白校准、标样校准等功能；

（2）仪器应具备量程切换功能；

（3）仪器应具有异常信息记录、上传功能，如部件故障、超标报警、缺试剂报警等信息；

（4）仪器应具备过程日志记录功能；

（5）仪器应具备RS-232、RS-485、RJ-45等标准通信接口；

（6）仪器应具备1 h 1次的监测能力。

7.2　采配水单元调试

7.2.1　采配水应满足1 h为周期的运行要求。

7.2.2 通过控制软件依次操作各单元，检查采水泵、增压泵、空压机、除藻单元、液位计、各阀门、液位开关、压力开关、均化装置等部件工作状态是否正常（浮船站除外）。

7.2.3 执行采配水分步流程，检查采配水管路有无漏液，五参数检测池、预处理水箱等排水是否彻底，有无残留（浮船站除外）。

7.2.4 执行清洗流程，检查自动反清（吹）洗是否正常，检查清洗管路有无漏液（浮船站除外）。

7.3 仪器要求及调试

7.3.1 仪器要求

7.3.1.1 分析仪器需通过环境监测仪器质量监督检验中心的适用性检测。

7.3.1.2 针对Ⅰ、Ⅱ类水，分析仪器检出限应不大于该监测项目水质类别限值。

7.3.1.3 监测项目浓度连续超出仪器当前跨度值时，应重新确定跨度，仪器应能够切换量程满足新跨度的要求。

7.3.2 仪器调试

仪器调试应开展自动分析仪器准确度、重复性、检出限、多点线性核查、集成干预检查、加标回收率测试、实际水样比对等测试，其测试指标应满足附录 B 要求。跨度值应根据监测项目的水质状况确定。

7.4 控制单元调试

7.4.1 检查 VPN 设备、光纤收发器、无线模块连接是否正确。

7.4.2 检查控制单元与仪器之间的通信是否正常，检查仪器监测数据与控制单元采集的数据是否一致，并按照《国家地表水自动监测仪器通信协议技术要求》所有指令逐一调试，并按照附录 C.3 做好记录。

7.4.3 检查控制单元上分析仪器关键参数与仪器设置的参数是否一致。

7.5 辅助设备调试

7.5.1 检查废液收集或废液自动处理装置是否满足要求。

7.5.2 检查站内安防、温湿度传感器等是否正常。

7.5.3 按要求进行视频监控设备操作，检查图像是否清晰，检查视频焦距调整是否正常，视频存储功能是否正常。

7.5.4 检查站内稳压电源、不间断电源等设备是否正常（浮船站除外）。

7.5.5 异常留样功能测试，验证自动留样器是否启动工作，检查留样完毕后能否进行自动密封（浮船站除外）。

7.5.6　检查浮船站非法接近报警、开舱报警、水浸报警、高温报警、GPS 定位等功能是否正常。

7.6　系统联调

7.6.1　系统调试

设定系统运行周期（常规五参数、叶绿素 a、蓝绿藻密度 1 h/次，其他监测项目不低于 4 h/次），同时以 24 h 为周期运行零点核查/漂移测试、跨度核查/漂移测试，按需设定加标回收率自动测定周期，进行完整流程调试，包括采水、预处理、配水、自动分析检测、质控检测、管路清洗、数据采集传输等流程，进行水站系统全流程自动测试，验证系统是否正常运行，质控测试是否满足《地表水水质自动监测站运行维护技术规范》中 6.1 要求。

7.6.2　联网调试

7.6.2.1　设置控制单元与平台通信参数，检查通信是否正常，检查仪器、控制单元采集及平台的数据及相关信息是否一致，并按照《国家地表水自动监测系统通信协议技术要求》所有指令进行调试，并按照附录 C.3 做好记录。

7.6.2.2　检查水站分析仪器数据是否可实时、准确上传至平台，数据时间、数据标识是否正确。

7.6.2.3　检查水站运行状态及仪器关键参数信息是否实时、准确上传至平台。

7.6.2.4　验证数据管理平台与水站分析仪器的各项远程控制指令，包括仪器远程参数设置、远程质控、远程启动测量、远程调阅设备运行日志等。

7.6.2.5　检查水站视频是否可以远程查看，视频图像是否清晰。

7.7　关键参数建档

系统调试完毕后，应完整记录系统集成及仪器的关键参数，保证与上传至平台的信息保持一致，按照附录 D 进行记录，同时做好存档。

8　试运行技术要求

（1）联网调试完成后系统进入试运行，试运行应连续运行 30 d；

（2）试运行开始前应制定维护方案和质控计划；

（3）试运行期间维护及质控测试应按照《地表水水质自动监测站运行维护技术要求》中 6.1 质控措施技术要求开展；监测项目为Ⅰ～Ⅱ类水进行 24 h 零点漂移、24 h 跨度漂移、多点线性核查等质控测试；监测项目为Ⅲ～劣Ⅴ类水主要进行 24 h 零点漂移、24 h

跨度漂移、加标回收率自动测定、集成干预检查、多点线性核查、实际水样比对等质控测试；

（4）试运行期间质控测试结果按照《地表水水质自动监测站运行维护技术要求》中6.1.3进行评价；

（5）试运行期间数据有效率评价参考《地表水水质自动监测站运行维护技术要求》中6.2的相关要求，水站每个监测项目的数据有效率不小于80%，试运行期间当出现数据有效率无法达标时应重新进行试运行；

（6）试运行期间因电力系统、采水系统等外界因素造成试运行期间系统故障，系统恢复正常后顺延相应的时间；因系统自身故障造成运行中断，系统恢复正常后重新开始试运行；

（7）试运行期间应做好系统故障统计、试剂及标准溶液更换记录、易耗品更换记录等工作；

（8）试运行期间监测数据上传至平台；

（9）编制系统试运行报告，报告模板参考附录E。

9 验收技术要求

水站验收主要内容包括验收检查和仪器设备验收监测（含备机）。验收监测报告模板见附录F，验收报告模板见附录G。

9.1 验收申请要求

9.1.1 当水站完成联网调试和试运行通过后可申请水站验收。

9.1.2 当水站发生如下重大调整时，应重新进行验收申请。

（1）更换仪器设备；

（2）采水点位发生变化；

（3）站址发生变化。

9.2 验收检查

验收当日按照以下资料清单进行现场检查，并对部分项目内容进行抽查。

（1）站房和采水设施验收报告（浮船站除外）；

（2）水站地理位置、经纬度、周边支流汇入及污染源情况、水文情况、点位水系图等资料；

（3）水站监测点位论证报告（浮船站除外）；

（4）水站基础设施核查报告（浮船站除外）；

（5）仪器适用性检测报告；

（6）水站安装调试报告（含功能检查报告、仪器设备调试记录、集成及辅助单元调试记录等）；

（7）系统集成及仪器关键参数记录表（主要包括集成采配水关键参数及仪器的关键参数和信息）；

（8）水站试运行报告；

（9）环境监测仪器质量监督检验中心出具的仪器适用性检测报告、仪器说明书及水站维护手册；

（10）水站运行维护方案及计划；

（11）水站技术档案，包括但不限于下列内容：

①现场仪器设备维护记录；

②系统集成及仪器的配置及关键参数记录；

③水站故障统计表。

（12）保障制度，包括但不限于下列内容：

①水站运行维护管理制度；

②水站运行管理人员岗位职责；

③水站质量管理保障制度；

④水站岗位培训及考核制度；

⑤水站建设、运行维护和质量控制的档案管理制度。

（13）固定资产登记。

完成验收后，承建单位应填写《水质自动监测站固定资产卡片》，水质自动监测站固定资产卡片模板参见附录 H。

9.3　验收监测

9.3.1　标准溶液考核

9.3.1.1　常规五参数、叶绿素 a、蓝绿藻密度

pH 采用 4.01、6.86、9.18 3 种浓度进行测试。电导率、浊度采用当前断面浓度附近的标准样进行测试。溶解氧采用空气中的饱和溶解氧进行测试。

叶绿素 a 采用浓度均匀分布跨度值范围内 4 个标准溶液进行多点线性核查，当水体为贫营养、中营养时，跨度值为中营养标准限值的 2.5 倍，富营养跨度值为标准限值的

2.5 倍；重富营养跨度值采用上一周的水质平均值的 2.5 倍。

蓝绿藻密度采用浓度为 0、25 000 cells/ml、50 000 cells/ml、150 000 cells/ml 附近的标准溶液进行多点线性核查，其中标准溶液采用标准物质或等效物质配置。

注：评价湖、库富营养状态的叶绿素 a 划分标准。

	贫营养	中营养	富营养	重富营养
叶绿素 a	＜3 μg/L	3～11 μg/L	11～78 μg/L	＞78 μg/L

9.3.1.2　其他监测项目

监测项目水质类别为Ⅰ～Ⅱ类水时：氨氮采用 0.4 mg/L 左右、高锰酸盐指数采用浓度为 3.2 mg/L 左右、总磷采用 0.08 mg/L 左右、总氮采用 0.4 mg/L 左右的标准溶液进行测试。

监测项目水质类别为Ⅲ～劣Ⅴ类水体时：氨氮、高锰酸盐指数、总磷、总氮采用跨度值 20%、50%、80%左右的 3 种标准溶液进行测试。

表 1　标准溶液考核技术要求

<table>
<tr><th>监测参数</th><th colspan="2">示值误差</th></tr>
<tr><td>pH</td><td colspan="2">±0.1 pH</td></tr>
<tr><td>溶解氧</td><td colspan="2">±0.3 mg/L</td></tr>
<tr><td rowspan="2">电导率</td><td>标准溶液值＞100 μS/cm</td><td>±5%</td></tr>
<tr><td>标准溶液值≤100 μS/cm</td><td>±5 μS/cm</td></tr>
<tr><td>浊度</td><td colspan="2">±10%</td></tr>
<tr><td>叶绿素 a</td><td colspan="2" rowspan="2">零点绝对误差应为≤3 倍检出限，其他点相对误差应≤±5%，线性相关系数应≥0.993</td></tr>
<tr><td>蓝绿藻密度</td></tr>
<tr><td>氨氮</td><td colspan="2">±10%</td></tr>
<tr><td>高锰酸盐指数</td><td colspan="2">±10%</td></tr>
<tr><td>总磷</td><td colspan="2">±10%</td></tr>
<tr><td>总氮</td><td colspan="2">±10%</td></tr>
</table>

9.3.2　实际水样比对

开展实际水样比对，自动监测的结果相对于实验室手工分析结果应满足表 2 的要求。

表 2　实际水样比对技术要求

项目	实际水样比对要求
pH	±0.5
水温	±0.5℃
溶解氧	±0.5 mg/L

项目	实际水样比对要求	
电导率	水样浓度＞100 μS/cm	±10%
	水样浓度≤100 μS/cm	±10 μS/cm
浊度	±20%	
氨氮	①	
高锰酸盐指数		
总磷		
总氮		

注：①当 $C_x > B_{\mathrm{IV}}$，水样比对的相对误差在20%以内；

②当 $B_{\mathrm{II}} < C_x \leqslant B_{\mathrm{IV}}$，水样比对的相对误差在30%以内；

③当自动监测结果和实验室分析结果均≤B_{II}时，认定比对实验结果合格。

式中：C_x——仪器测定浓度；

B——GB 3838 表 1 中相应的水质类别浓度标准限值。

10　档案与记录

10.1　技术档案和运行记录的基本要求

10.1.1　水站技术档案除验收资料清单中所要求的资料外，还应包含水站各类运行记录表格。

10.1.2　当水站发生变化需要修改技术档案时应经申请允许后再执行，并及时做好归档工作。

10.1.3　水站各类运行记录应按月进行归档。

10.1.4　运行记录应清晰、完整，现场记录应在现场及时填写，应能从记录中查阅和了解仪器设备的使用、维修和性能检验等全部历史资料，与仪器相关的记录可放置在现场并妥善保存。

附录 A　基础设施核查表
（规范性附录）

站点名称：　　　　　　　　　　　　　　　运维公司：

检查内容	检查项目名称	技术要求	是否符合要求（是打√，否打×）	备注
监测站房要求	面积	固定式水站仪器间面积≥40 m^2，净高≥2.7 m		
		固定式水站质控间面积≥30 m^2		
		固定式水站值班室面积≥30 m^2		
		简易式站房面积≥40 m^2，是否配置质控室		
		小型式站房面积应为 8～15 m^2		
	结构	水站为砖房的，使用年限应满足至少 50 年，抗震裂度应满足要求		
		水站为轻钢结构的，钢板厚度≥1 mm，主体结构的中间夹层保温板厚度≥50 mm，北方地区根据当地环境情况而定，其厚度≥75 mm		
	安全	站房外应设有院墙或一定的防护设施		
		站房应设火灾自动报警及自动灭火装置，灭火范围应能覆盖仪器间所有设备		
		采用感烟、感温两种探测器		
		站房应设置防盗措施，门窗加装防盗网和红外报警系统		
		大门设置门禁装置		
	周围环境	站房周围水泥地面、平整干净、利于排雨水，适当绿化		
	站房内部配置	应在站房指定位置预留进样水管口和排出水水管口、自来水管手阀接口		
		预留地线汇流排		
		潜水泵电缆线和进样水胶管同时从预留进样水管口引入仪器间		
		质控间配置不小于 120 L 的冷藏柜一台		
		仪器间应配置办公桌椅一套		
		辅助间应配置防酸碱实验台（1.5～2 m）、洗涤台、4 个实验凳		
		室内地面应可以防水、防滑，最好铺设地面砖。应留有地漏		

检查内容	检查项目名称	技术要求	是否符合要求（是打 √，否打×）	备注
监测站房要求	站房内部配置	站房前端设置可开合的透气百叶窗，站房侧面设置通风换气窗		
		站房能抵御 100 年一遇的洪水。同时能提供站房与被测河道（湖）位置平面示意图		
		站房建设应委托有资质的施工单位负责施工。提供建设合同及图纸		
		提供和审核水站系统的避雷和地线设计图纸，并提供有资质单位的具体检查和测量报告		
道路	路况	与干线公路相通，通往水质自动监测站应有硬化道路，路宽≥3.0 m，站房前有适量空地停放车辆		
暖通	空调	根据仪器房间选择，配置 2 匹以上冷暖空调		
		预留空调插座，室外机要保障安全		
		具有来电自动复位功能		
	暖器	北方应有暖气或电暖器。室内温湿度要求：18～28℃		
	去湿	室内注意防潮，南方必要时安装去湿装置，湿度在60%以内		
照明	室内照明	每 20 m^2 配 2 盏以上 40 W 日光节能灯		
		仪器间非仪器设备安装墙面设 2～3 个插座		
供电	电压容量	380V 三相五线 50±0.5 Hz		
		总容量按照站房全部用电设备实际用量的 1.5 倍计算		
		供电稳定		
		供电的引入符合国标		
	室内配电箱	配电箱在后墙面上为明箱或半明箱，箱上预留穿线孔，便于引出电源线接到仪器控制柜上		
		分相应至少包含照明暖通、稳压给仪器和水泵		
		配电箱内必须有 2 个专用的三相空气开关 4 线 63 A（400 V）（一备一用），3 个双联空开构成三路 220 V 电源，每路 220V/25A		
		总配电箱进行重复接地，零地相位差为零		
		配电箱内或旁边位置应安装一级防雷模块		
通信要求	通信要求	水站网络带宽应满足 20 M 以上，3G/4G 流量满足监测数据及视频传输要求		
采水单元	采水方式	是否提供采水点位论证报告		如未提供，需按照 A.1 进行水质比对
		采水方式		
		如采水装置位于航道，是否设有警示标志		
		采样装置的吸水口应设在水下 0.5～1 m 范围内，并能够随水位变化适时调整位置		

检查内容	检查项目名称	技术要求	是否符合要求（是打 √，否打×）	备注
采水单元	采水管路	提供采水设计方案和工程图纸		
		采水管路进入站房的位置应靠近仪器安装墙面的下方，并设保护套管，保护套管不宜高出地面		
		采水管路应采用惰性材料，保证不改变提供水样的代表性		
		采水管道应具备防冻与保温功能，采水管道配置防冻保温装置，以减少环境温度等因素对水样造成影响		
		采水管路不可加装单向阀等装置，否则阻碍系统反清洗功能		
		采用可拆洗式采水管路，并装有活接头，易于拆卸和清洗		
	水泵	采水系统应具备双泵/双管路轮换采水功能，一备一用		
		可进行自动或手动切换，满足实时不间断监测的要求		
		潜水泵：满足采水距离，具备安全的固定方式，能提供最大扬程、电压（380 V 或 220 V）和所需功率的参数		
		自吸泵：满足采水距离，具备安全的固定地点，能提供最大吸程，所需扬程、电压（380 V 或 220 V）和所需功率的参数及采水头在水中的固定方法		
		供电应具有漏电保护等安全措施		
给水	清洁水	站房内引入自来水（或井水）		
		供水水量瞬时最大流量不小于 3 m^3/h，压力不小于 $0.5kg/cm^2$		
		如水量、水压不满足时加高位水箱并有自动控制，必要时需加过滤装置		
排水	排水口	排水直接排入市政管道或敷设排水管道到河流下游，距采水点下游 20 m 以上		
		总排口应高于河水最高水位		
	保温	防冻保温。特别在冬季，排水口应保持排水通畅		
	排水管	排水管直径 DN150，按站房内要求建设，保证排水通畅		
	污水	生活污水排到化粪池、市政管网等专门设施		
	地排	仪器室内预留 30 cm 深地沟，地沟上面加盖板（需便于取放），地沟的地漏和站房排水系统相连		

<table>
<tr><th>检查内容</th><th>检查项目名称</th><th>技术要求</th><th>是否符合要求（是打√，否打×）</th><th>备注</th></tr>
<tr><td rowspan="5">水站防雷</td><td rowspan="3">防雷要求</td><td>水站和供电单元应设置防雷设施，设施具备三级电源防雷和通信防雷功能，应符合《建筑物防雷设计规范》（GB 50057—2010）的要求</td><td></td><td></td></tr>
<tr><td>对建筑物、电力线（二级）、通信线路（光缆、电话）做雷电入侵防护，安装防雷保护器</td><td></td><td></td></tr>
<tr><td>提供有资质的单位检测报告（每年需年检）</td><td></td><td></td></tr>
<tr><td rowspan="2">防雷保护</td><td>加装电源防雷保护器</td><td></td><td></td></tr>
<tr><td>加装通信网络、电话防雷保护器</td><td></td><td></td></tr>
<tr><td rowspan="2">系统接地</td><td>接地阻值</td><td>按地线制作要求作好地线。接地电阻小于 4 Ω，仪器接地小于 1 Ω</td><td></td><td></td></tr>
<tr><td>接地端子</td><td>仪器间在设备安装区指定的位置留有地线汇流排（端子），在配电电源箱内预留地线接地端子（至少 3 个端子）</td><td></td><td></td></tr>
</table>

A.1 采水点位与考核断面水质比对结果

______水质自动监测站采水点位水质比对结果

水站名称：						断面名称：							断面编码：			
断面经度：						断面纬度：			水站经度：				水站纬度：			
测定开始日期：									测定结束日期：							
水质类别是否一致：　□一致　　□不一致 补充说明：																
比对监测结果（单位：mg/L）																
次数	采水点位								考核断面							
	水质类别	pH	溶解氧	氨氮	总磷	总氮	高锰酸盐指数	…	水质类别	pH	溶解氧	氨氮	总磷	总氮	高锰酸盐指数	…
1																
2																
3																
4																
5																
注：①采样为每天一次，连续开展 5 d；②河流总氮不进行比对																

附录 B　仪器调试性能指标要求

（规范性附录）

<table>
<tr><th>仪器名称</th><th>技术指标</th><th colspan="2">技术要求</th><th>检测方法</th><th>备注</th></tr>
<tr><td rowspan="3">水温水质自动分析仪</td><td>分析方法</td><td colspan="2">热电阻或热电偶</td><td>—</td><td rowspan="3"></td></tr>
<tr><td>检测范围</td><td colspan="2">0～60℃，可调</td><td>—</td></tr>
<tr><td>准确度</td><td colspan="2">±0.5℃</td><td>HJ 915—2017/7.3.3.1</td></tr>
<tr><td rowspan="6">pH 水质自动分析仪</td><td>分析方法</td><td colspan="2">玻璃电极法</td><td>—</td><td rowspan="5"></td></tr>
<tr><td>检测范围</td><td colspan="2">pH 0～14（0～40℃），可调</td><td>—</td></tr>
<tr><td>准确度</td><td colspan="2">±0.1pH 以内</td><td>HJ 915—2017/7.3.3.1</td></tr>
<tr><td>重复性</td><td colspan="2">±0.1pH 以内</td><td>HJ/T 96—2003/8.3.1</td></tr>
<tr><td>响应时间</td><td colspan="2">≤30 s</td><td>HJ/T 96—2003/8.3.5</td></tr>
<tr><td>实际水样比对试验</td><td colspan="2">±0.5pH 以内</td><td>HJ/T 96—2003/8.3.8</td><td>只测试当前水体</td></tr>
<tr><td rowspan="8">电导率水质自动分析仪</td><td>分析方法</td><td colspan="2">电极法</td><td>—</td><td rowspan="2"></td></tr>
<tr><td>检测范围</td><td colspan="2">0～500 mS/m（0～40℃），可调</td><td>—</td></tr>
<tr><td rowspan="2">准确度</td><td>电导率＞100 μS/cm</td><td>±5%</td><td rowspan="2">HJ 915—2017/7.3.3.1</td><td rowspan="3">采用水体浓度附近的标准溶液</td></tr>
<tr><td>电导率≤100 μS/cm</td><td>±5 μS/cm</td></tr>
<tr><td>重复性</td><td colspan="2">≤5%</td><td>HJ/T 97—2003/7.4.1</td></tr>
<tr><td>响应时间（T_{90}）</td><td colspan="2">≤30s</td><td>HJ/T 97—2003/7.4.4</td><td></td></tr>
<tr><td rowspan="2">实际水样比对试验</td><td>电导率＞100 μS/cm</td><td>±10%</td><td rowspan="2">HJ/T 97—2003/7.4.7</td><td rowspan="2">只测试当前水体</td></tr>
<tr><td>电导率≤100 μS/cm</td><td>±10 μS/cm</td></tr>
<tr><td rowspan="5">浊度水质自动分析仪</td><td>分析方法</td><td colspan="2">光散射法</td><td>—</td><td rowspan="2"></td></tr>
<tr><td>检测范围</td><td colspan="2">0～1 000 NTU，可调</td><td>—</td></tr>
<tr><td>准确度</td><td colspan="2">±10%</td><td>HJ 915—2017/7.3.3.1</td><td rowspan="2">采用水体浓度附近的标准溶液</td></tr>
<tr><td>重复性</td><td colspan="2">±5%</td><td>HJ/T 98—2003/8.3.1</td></tr>
<tr><td>实际水样比对试验</td><td colspan="2">±10%</td><td>HJ/T 98—2003/8.3.6</td><td>只测试当前水体</td></tr>
<tr><td rowspan="6">溶解氧水质自动分析仪</td><td>分析方法</td><td colspan="2">电化学法、荧光法</td><td>—</td><td rowspan="5"></td></tr>
<tr><td>检测范围</td><td colspan="2">0～20 mg/L，可调</td><td>—</td></tr>
<tr><td>重复性</td><td colspan="2">±0.3 mg/L</td><td>HJ/T 99—2003/8.3.1</td></tr>
<tr><td>准确度</td><td colspan="2">±0.3 mg/L</td><td>HJ 915—2017/7.3.3.1</td></tr>
<tr><td>响应时间（T_{90}）</td><td colspan="2">2 min 以内</td><td>HJ/T 99—2003/8.3.4</td></tr>
<tr><td>实际水样比对试验</td><td colspan="2">±0.5 mg/L</td><td>HJ/T 99—2003/8.3.7</td><td>只测试当前水体</td></tr>
</table>

<table>
<tr><th>仪器名称</th><th>技术指标</th><th colspan="2">技术要求</th><th>检测方法</th><th>备注</th></tr>
<tr><td rowspan="6">高锰酸盐指数水质自动分析仪</td><td>分析方法</td><td colspan="2">高锰酸钾氧化法</td><td>—</td><td></td></tr>
<tr><td>检测范围</td><td colspan="2">0～20 mg/L，可调</td><td>—</td><td></td></tr>
<tr><td>准确度</td><td colspan="2">±10%</td><td>HJ 915—2017/7.3.3.1</td><td rowspan="2">⑥</td></tr>
<tr><td>重复性</td><td colspan="2">≤5%</td><td>HJ 915—2017/7.3.3.2</td></tr>
<tr><td>葡萄糖试验</td><td colspan="2">±5%</td><td>HJ/T 100—2003/9.4.4</td><td></td></tr>
<tr><td>检出限</td><td colspan="2">≤0.5 mg/L</td><td>HJ 915—2017/7.3.3.3</td><td></td></tr>
<tr><td rowspan="6">高锰酸盐指数水质自动分析仪</td><td rowspan="3">多点线性核查</td><td>零点示值误差</td><td>±1.0 mg/L</td><td rowspan="3">①</td><td></td></tr>
<tr><td>其他点示值误差</td><td>±10%</td><td></td></tr>
<tr><td>直线相关系数</td><td>≥0.98</td><td></td></tr>
<tr><td>集成干预检查</td><td colspan="2">±10%</td><td>②</td><td>浮船站除外</td></tr>
<tr><td>加标回收率测试</td><td colspan="2">80%～120%</td><td>③</td><td>浮船站除外</td></tr>
<tr><td>实际水样比对</td><td colspan="2">④</td><td>⑤</td><td></td></tr>
<tr><td rowspan="11">氨氮水质自动分析仪</td><td>分析方法</td><td colspan="2">纳氏试剂分光光度法、水杨酸分光光度法、氨气敏电极法</td><td>—</td><td></td></tr>
<tr><td>检测范围</td><td colspan="2">0～10 mg/L，可调</td><td>—</td><td></td></tr>
<tr><td>准确度</td><td colspan="2">±10.0%</td><td>HJ 915—2017/7.3.3.1</td><td rowspan="2">⑥</td></tr>
<tr><td>重复性</td><td colspan="2">≤5.0%</td><td>HJ 915—2017/7.3.3.2</td></tr>
<tr><td>检出限</td><td colspan="2">≤0.05 mg/L</td><td>HJ 915—2017/7.3.3.3</td><td></td></tr>
<tr><td rowspan="3">多点线性核查</td><td>零点示值误差</td><td>±0.2 mg/L</td><td rowspan="3">①</td><td></td></tr>
<tr><td>其他点示值误差</td><td>±10%</td><td></td></tr>
<tr><td>直线相关系数</td><td>≥0.98</td><td></td></tr>
<tr><td>集成干预检查</td><td colspan="2">±10%</td><td>②</td><td>浮船站除外</td></tr>
<tr><td>加标回收率测试</td><td colspan="2">80%～120%</td><td>③</td><td>浮船站除外</td></tr>
<tr><td>实际水样比对</td><td colspan="2">④</td><td>⑤</td><td></td></tr>
<tr><td rowspan="11">总磷水质自动分析仪</td><td>分析方法</td><td colspan="2">钼酸铵分光光度法</td><td>—</td><td></td></tr>
<tr><td>检测范围</td><td colspan="2">0～2 mg/L，可调</td><td>—</td><td></td></tr>
<tr><td>准确度</td><td colspan="2">±10%</td><td>HJ 915—2017/7.3.3.1</td><td rowspan="2">⑥</td></tr>
<tr><td>重复性</td><td colspan="2">≤5%</td><td>HJ 915—2017/7.3.3.2</td></tr>
<tr><td>检出限</td><td colspan="2">≤0.01 mg/L</td><td>HJ 915—2017/7.3.3.3</td><td></td></tr>
<tr><td rowspan="3">多点线性核查</td><td>零点示值误差</td><td>±0.02 mg/L</td><td rowspan="3">①</td><td></td></tr>
<tr><td>其他点示值误差</td><td>±10%</td><td></td></tr>
<tr><td>直线相关系数</td><td>≥0.98</td><td></td></tr>
<tr><td>集成干预检查</td><td colspan="2">±10%</td><td>②</td><td>浮船站除外</td></tr>
<tr><td>加标回收率测试</td><td colspan="2">80%～120%</td><td>③</td><td>浮船站除外</td></tr>
<tr><td>实际水样比对</td><td colspan="2">④</td><td>⑤</td><td></td></tr>
</table>

<table>
<tr><th>仪器名称</th><th>技术指标</th><th colspan="2">技术要求</th><th>检测方法</th><th>备注</th></tr>
<tr><td rowspan="11">总氮水质自动分析仪</td><td>分析方法</td><td colspan="2">过硫酸钾消解-紫外分光光度法</td><td>—</td><td></td></tr>
<tr><td>检测范围</td><td colspan="2">0～20 mg/L，可调</td><td>—</td><td></td></tr>
<tr><td>准确度</td><td colspan="2">±10%</td><td>HJ 915—2017/7.3.1</td><td rowspan="3">⑥</td></tr>
<tr><td>重复性</td><td colspan="2">≤5%</td><td>HJ 915—2017/7.3.2</td></tr>
<tr><td>检出限</td><td colspan="2">≤0.1 mg/L</td><td>HJ 915—2017/7.3.3</td></tr>
<tr><td rowspan="3">多点线性核查</td><td>零点示值误差</td><td>±0.3 mg/L</td><td rowspan="3">①</td><td></td></tr>
<tr><td>其他点示值误差</td><td>±10%</td><td></td></tr>
<tr><td>直线相关系数</td><td>≥0.98</td><td></td></tr>
<tr><td>集成干预检查</td><td colspan="2">±10%</td><td>②</td><td>浮船站除外</td></tr>
<tr><td>加标回收率测试</td><td colspan="2">80%～120%</td><td>③</td><td>浮船站除外</td></tr>
<tr><td>实际水样比对</td><td colspan="2">④</td><td>⑤</td><td></td></tr>
<tr><td rowspan="5">蓝绿藻密度水质自动分析仪</td><td>分析方法</td><td colspan="2">荧光法</td><td>—</td><td></td></tr>
<tr><td>检测范围</td><td colspan="2">0～200，000 cells/ml</td><td></td><td></td></tr>
<tr><td>准确度</td><td colspan="2">±10%</td><td>HJ 915—2017/7.3.3.1</td><td rowspan="2">采用水体浓度附近的标准物质或等效物质配置</td></tr>
<tr><td>重复性</td><td colspan="2">≤10%</td><td>HJ 915—2017/7.3.3.2</td></tr>
<tr><td>检出限</td><td colspan="2">≤200 cells/ml</td><td>HJ915—2017/7.3.3.3</td><td></td></tr>
<tr><td rowspan="5">叶绿素 a 水质自动分析仪</td><td>分析方法</td><td colspan="2">荧光法、分光光度法</td><td>—</td><td></td></tr>
<tr><td>检测范围</td><td colspan="2">0～500μg/L</td><td>—</td><td></td></tr>
<tr><td>准确度</td><td colspan="2">±10%</td><td>HJ 915—2017/7.3.3.1</td><td rowspan="2">采用水体浓度附近的标准物质或等效物质配置</td></tr>
<tr><td>重复性</td><td colspan="2">≤10%</td><td>HJ 915—2017/7.3.3.2</td></tr>
<tr><td>检出限</td><td colspan="2">≤0.1μg/L</td><td>HJ 915—2017/7.3.3.3</td><td></td></tr>
</table>

①多点线性核查：

水质自动分析仪依次测试跨度范围内 4 个点（含零点、低、中、高 4 个浓度）的标准溶液，根据测试结果进行线性拟合，计算拟合曲线的相关系数和每个标液浓度测试的误差值。

②集成干预检查检测方法：

指在采水口处人工采集水样，沉淀 30 min 后经自动分析仪器直接测试，与系统自动测定的结果进行比对，检查系统集成对水质的影响。

$$\mathrm{RE}_i = \frac{|A_2 - A_1|}{\frac{A_2 + A_1}{2}} \times 100\%$$

式中：RE_i —— 仪器相对偏差；

A_1 —— 系统自动测试结果；

A_2 —— 人工采样仪器测试结果。

③加标回收自动测试检测方法：

仪器进行一次实际水样测定后，对同一样品加入一定量的标准溶液，仪器测试加标后样品，以加标前后水样的测定值计算回收率。

仪器名称	技术指标	技术要求	检测方法	备注
$$R=\frac{B-A}{\frac{V_1\times C}{V_2}}\times 100\%$$ 式中：R—— 加标回收率； B—— 加标后水样测定值； A—— 样品测定值； V_1—— 加标体积，ml； C—— 加标样浓度，mg/L； V_2—— 加标后水样体积，ml。 注：当被测水样浓度小于等于分析仪器的 4 倍检出限时，加标量应为分析仪器 4 倍检出限浓度；加标量应尽量与样品待测物含量相等或相近，并应注意对样品体积的影响；当被测水样浓度高于分析仪器的 4 倍检出限时，加标量为水样浓度的 0.5～3 倍。当加标浓度超出分析仪器的量程时，分析仪器自动切换到合适量程进行测试。 ④实际水样比对技术要求： 当 $C_x>B_{\text{Ⅳ}}$，比对实验的相对误差在±20%之内； 当 $B_{\text{Ⅱ}}<C_x\leqslant B_{\text{Ⅳ}}$，比对实验的相对误差在±30%之内； 当自动监测结果和实验室分析结果均≤$B_{\text{Ⅱ}}$时，认定比对实验结果合格。 式中：C_x—— 仪器测定浓度； B—— GB 3838 表 1 中相应的水质类别标准限值，$B_{\text{Ⅱ}}$、$B_{\text{Ⅳ}}$代表Ⅱ类水质、Ⅳ类水质的标准限值。 ⑤实际水样比对检测方法： 开展实际水样比对，实验室按照国家标准方法开展实验室手工分析，自动监测的结果相对于实验室手工分析结果的相对误差应满足要求。 ⑥高锰酸盐指数、氨氮、总磷、总氮准确度采用浓度为跨度值 50%左右的标准溶液，重复性采用浓度为跨度值 80%左右的标准溶液。				

附录C 地表水水质自动监测站调试报告
（资料性附录）

地表水水质自动监测站

调试报告

（模板）

断面名称：

站点名称：

站点编号：

承建单位：

二〇 年 月 日

注：本报告内容为参考性内容，可根据实际需求进行修改。

说 明

1. 报告内容需填写齐全、清楚、签名清晰。

2. 主要内容至少包括下述内容：

（1）系统及仪器功能检查表；

（2）仪器性能指标测试，主要包括准确度、重复性、检出限、多点线性核查、集成干预检查、实际水样比对等；

（3）系统各单元调试记录。

3. 本报告应作为水站的技术档案进行归档保存。

C.1 功能核查

表 C-1 系统集成及仪器功能核查表

项目	内容	是否具备功能（是打√，否打×）		备注
系统集成功能	系统配有稳压电源、UPS 电源。一旦出现过压或欠压情况，稳压电源可确保站点用电正常；断电后至少能保证仪器完成一个测量周期和数据上传，且待机不少于 1 h			浮船站除外
	系统安装有电源防雷及通信防雷器，一旦出现雷击时，可通过一级防雷及二级防雷有效地隔断感应雷的损害			
	建议系统配备有纯水机并自动为监测设备制备纯水，确保仪器测试时所需纯水			浮船站除外
	系统通过安装在集成管路里的传感器或其他感应装置，能够对取水是否成功进行判断			
	能够通过平台远程对系统进行设置，能接受远程控制指令			
	系统根据设定的清洗周期自动对采水管路、水样箱进行自来水清洗，并生成相关日志			浮船站除外
	系统能够根据设定周期自动进行高锰酸盐指数、氨氮、总磷和总氮水质自动分析仪器自动加标回收率测试功能			浮船站除外
	系统配备有试剂冷藏装置，除低温析出试剂外其他试剂应处于 4±2℃低温保存			浮船站除外
	系统能根据实际需求实现异常留样，留样后自动密封等			小型站、浮船站除外
	具有良好的扩展性和兼容性，能够方便地接入新的监测参数			小型站、浮船站除外
	监控视频能实现全方位、多视角、全天候式监控，视频图像是否清晰，满足 1 个月的存储能力			
	检查浮船站蓄电池充电是否正常			
	船体是否具有一定的保温和防晒措施，当温度高于 45℃应发出高温报警			
	浮船站舱室出现漏水时是否能够发出水浸报警			
	当船体周边有人或物非法接近时能否发出非法接近报警，当舱门被非法开启时，能否发出开舱报警，同时视频监控单元能否进行视频录制			
	浮船站是否配备 3 套以上的水上救生用品（救生衣和救生圈）			

项目	内容	是否具备功能（是打√，否打×）		备注
控制软件功能	发生采水故障时能否记录信息并上传至平台			
	仪器及采配水部件发生故障时能否记录信息并上传至平台			
	超量程时能否报警，能否记录异常信息并上传至平台			
	超标报警时能否报警，能否记录异常信息并上传至平台			
	缺试剂报警时能否报警，能否记录异常信息并上传至平台			
	能够保存仪器关键参数并能够上传至平台			
	能够保存高锰酸盐指数、氨氮、总磷和总氮水质自动分析仪器过程日志并能够上传至平台			
	能够保存系统过程日志，并能够上传至平台			
	能够记录环境参数并能够上传至平台			
	浮船站控制单元是否能够采集蓄电池组电量信息，当电量低于 20%时是否进行报警			
	采集的数据是否添加标识			
仪器功能	仪器可自行设定自动标样核查周期，并根据周期自动进行标样核查、零点漂移、跨度漂移测试			
	高锰酸盐指数、氨氮、总磷、总氮自动分析仪可自动进行空白校准和标样校准			
	仪器可根据测试结果自动判别选择最佳量程进行测试，自动切换到高量程或低量程重新对水样进行测试			
	仪器具有异常信息记录、上传功能，如零部件故障、超量程报警、超标报警、缺试剂报警等信息			
	高锰酸盐指数、氨氮、总磷和总氮水质自动分析仪器测试过程日志记录及关键参数记录			
	断电再度通电后自动排空水样和试剂、自动清洗管路、自动复位到待机状态的功能			
	仪器具有 RS-232、RS-485 或 RT-45 标准通信接口			
	水质自动分析仪器具备 1 h 1 次的监测能力			

C.2 自动站仪器性能考核结果

表 C-2 仪器调试性能考核结果

站点名称：	站房类型：		测试时间：	
监测项目	性能指标	测试结果	技术要求	考核结果（合格√，不合格×）
	准确度			
	重复性			
	检出限			
	……			
监测项目	性能指标	测试结果	技术要求	考核结果（合格√，不合格×）
	准确度			
	重复性			
	检出限			
	……			

测试人： 复核人： 审核人：

表 C-3 仪器准确度考核原始记录表

水站名称：	断面名称：	断面编码：
仪器名称：	仪器型号：	仪器编号：
测试时间：	测试温度：	湿度：
测定次数	仪器测定值/（mg/L）	标准溶液浓度/（mg/L）
1		
2		
3		
4		
5		
6		
平均值		
相对误差		
技术要求		
结果判定（合格√，不合格×）		

测试人： 复核人： 审核人：

表 C-4 仪器重复性考核原始记录表

水站名称：	断面名称：	断面编码：
仪器名称：	仪器型号：	仪器编号：
测试时间：	测试温度：	湿度：
测定次数	仪器测定值/（mg/L）	标准溶液浓度/（mg/L）
1		
2		
3		
4		
5		
6		
平均值		
相对标准偏差		
技术要求		
结果判定（合格√，不合格×）		

测试人： 复核人： 审核人：

表 C-5 仪器检出限考核原始记录表

水站名称：	断面名称：	断面编码：
仪器名称：	仪器型号：	仪器编号：
测试时间：	测试温度：	测试湿度：
测定次数	仪器测定值/（mg/L）	标准溶液浓度/（mg/L）
1		
2		
3		
4		
5		
6		
7		
8		
标准偏差		
检出限		
技术要求		
结果判定（合格√，不合格×）		

测试人： 复核人： 审核人：

表 C-6　多点线性核查考核原始记录表

水站名称：	断面名称：	断面编码：	仪器名称：
仪器型号：	仪器编号：	测试时间：	测试温湿度：
测定次数	标准溶液浓度/（mg/L）	仪器测定值/（mg/L）	准确度
1			
2			
3			
4			
相关系数 γ			
技术要求	（相关系数及准确度）		
结果判定（合格√，不合格×）：			

测试人：　　　　　　　　　　复核人：　　　　　　　　　　审核人：

表 C-7　加标回收率自动测试记录表

水站名称：	断面名称：	断面编码：	仪器型号：	
仪器编号：	测试时间：	测试温度：	测试湿度	
样品体积/ml	加标样		加标前样品测定结果/（mg/L）	加标后样品测定结果/（mg/L）
	加标液浓度/（mg/L）	加标体积/ml		
加标回收率				
技术要求				
是否合格（合格√，不合格×）：				

表 C-8　集成干预检查实验考核原始记录表

水站名称：		断面名称：		断面编码：		仪器型号：
监测项目	监测时间	系统测试结果/（mg/L）	仪器测试结果/（mg/L）	相对偏差	技术要求	是否合格（合格√，不合格×）

表 C-9 仪器实际水样比对实验考核原始记录表

水站名称：		断面名称：			断面编码：	
监测项目	监测时间	系统测试结果/（mg/L）	实验室测试结果/（mg/L）	相对误差	技术要求	是否合格（合格√，不合格×）

C.3 系统调试记录

项目					核查结果（合格√，不合格×）
采配水单元					
采水泵、增压泵、空压机、除藻单元、液位计、各阀门、液位开关、压力开关、均化装置等部件工作状态是否正常					
采配水管路有无漏液，常规五参数检测池、预处理水箱等排水是否彻底，有无残留					
清洗管路有无漏液，自动反（吹）清洗是否正常					
控制单元					
VPN 设备、光纤收发器、无线模块连接是否正确					
单点控制命令是否执行	水泵启动		自来水清洗		
	零点核查		跨度核查		
	加标回收率测试		停止仪器测试		
	仪器初始化（清洗）		留样器启动		
检查数据标识是否符合要求	周期数据		低于检出限数据		
	超跨度数据		异常数据		
	维护数据				
是否采集仪器关键参数，并检查与仪器设置是否一致	消解温度		消解时间		
	显色时间		显色温度		
	校准系数		测量信号值		
	曲线斜率		曲线相关系数		
	曲线截距				
是否采集报警信息，并检查与仪器实际运行情况是否一致	缺试剂报警		缺水样报警		
	缺蒸馏水报警		超量程告警		
	缺标液		传感器异常		
	试剂余量		部件异常		
	信号异常		浮船站低电量报警		

项目					核查结果（合格√，不合格×）
辅助单元					
废液收集装置或废液自动处理装置能力是否满足要求					
安防、温湿度传感器等是否正常					
稳压电源是否正常					
UPS 是否正常					
设定自动留样阈值，验证自动留样器是否启动工作					
留样完毕后留样瓶能否自动密封					
联网调试					
确认水站与中心平台通信链路是否正常，能够远程查看数据					
检查现场端能否执行平台反控指令	启动采水		清洗管路		
	水样测试		零点核查测试		
	加标回收率测试		跨度核查测试		
	远程调整摄像头角度				
关键参数上传是否正确	消解温度		消解时间		
	显色时间		静置时间		
	量程上限		校准系数		
	工作曲线		相关系数		
	测试信号值		仪器跨度值		
能否远程查看报警信息	缺试剂报警		缺水样报警		
	缺蒸馏水报警		超量程告警		
	缺标液		传感器异常		
	漏液告警		部件异常		
	信号异常		量程切换报警		
能否支持远程设置仪器关键参数					
检查仪器、控制单元及平台监测数据是否一致					
远程查看系统日志，确认与控制单元信息是否一致					
远程查看仪器日志，确认与控制单元信息是否一致					
能够远程查看现场端运行状态					
能够远程查看试剂余量，远程查看结果与现场试剂余量是否一致					
监测数据标识是否正确	正常		超上限		
	超下限		电源故障		
	仪器故障		仪器通信故障		
	仪器离线		取水点无水样		
	手工输入数据		维护调试数据		
能否远程查看现场运行状态	离线		待机		
	测量		维护		
	清洗		故障		
	校准		标样核查		
能否远程查看现场门禁记录信息					

附录D 系统集成与仪器关键参数统计表
（资料性附录）

<table>
<tr><th>设备名称</th><th>关键参数名称</th><th colspan="2">参数设置</th><th>备注</th></tr>
<tr><td rowspan="4">系统集成</td><td>采水时长</td><td colspan="2"></td><td></td></tr>
<tr><td>超声波时间</td><td colspan="2"></td><td></td></tr>
<tr><td>沉降时间</td><td colspan="2"></td><td></td></tr>
<tr><td>清洗时间</td><td colspan="2"></td><td></td></tr>
<tr><td rowspan="25">高锰酸盐指数（ORP电极或光度滴定法）</td><td>跨度值</td><td colspan="2"></td><td></td></tr>
<tr><td>样品体积/次</td><td colspan="2"></td><td></td></tr>
<tr><td>消解液体积/次</td><td colspan="2"></td><td></td></tr>
<tr><td>氧化剂体积/次</td><td colspan="2"></td><td></td></tr>
<tr><td>还原液体积/次</td><td colspan="2"></td><td></td></tr>
<tr><td>消解时间及温度</td><td colspan="2"></td><td></td></tr>
<tr><td rowspan="7">工作曲线一</td><td>标液浓度</td><td colspan="2">信号值</td></tr>
<tr><td></td><td colspan="2"></td></tr>
<tr><td></td><td colspan="2"></td></tr>
<tr><td></td><td colspan="2"></td></tr>
<tr><td></td><td colspan="2"></td></tr>
<tr><td></td><td colspan="2"></td></tr>
<tr><td colspan="3">工作曲线方程：</td></tr>
<tr><td rowspan="7">工作曲线二</td><td>标液浓度</td><td colspan="2">信号值</td></tr>
<tr><td></td><td colspan="2"></td></tr>
<tr><td></td><td colspan="2"></td></tr>
<tr><td></td><td colspan="2"></td></tr>
<tr><td></td><td colspan="2"></td></tr>
<tr><td></td><td colspan="2"></td></tr>
<tr><td colspan="3">工作曲线方程：</td></tr>
<tr><td>空白信号</td><td colspan="2"></td><td></td></tr>
<tr><td>校准系数</td><td colspan="2"></td><td></td></tr>
<tr><td>测量量程</td><td colspan="2"></td><td></td></tr>
<tr><td>测量精度</td><td colspan="2"></td><td></td></tr>
<tr><td>测量检出限</td><td colspan="2"></td><td></td></tr>
<tr><td rowspan="8">高锰酸盐指数（消解-比色法）</td><td>跨度值</td><td colspan="2"></td><td></td></tr>
<tr><td>样品体积/次</td><td colspan="2"></td><td></td></tr>
<tr><td>消解液体积/次</td><td colspan="2"></td><td></td></tr>
<tr><td>氧化剂体积/次</td><td colspan="2"></td><td></td></tr>
<tr><td>还原液体积/次</td><td colspan="2"></td><td></td></tr>
<tr><td>显色剂体积</td><td colspan="2"></td><td></td></tr>
<tr><td>消解时间及温度</td><td colspan="2"></td><td></td></tr>
<tr><td>显色时间及温度</td><td colspan="2"></td><td></td></tr>
</table>

设备名称	关键参数名称	参数设置		备注
高锰酸盐指数（消解-比色法）	工作曲线一	标液浓度	信号值	
		工作曲线方程：		
	工作曲线二	标液浓度	信号值	
		工作曲线方程：		
	空白信号			
	校准系数			
	测量量程			
	测量精度			
	测量检出限			
总磷（钼酸铵光度法）	跨度值			
	样品体积/次			
	消解液体积/次			
	还原液体积/次			
	显色剂体积/次			
	消解时间及温度			
	显色时间及温度			
	工作曲线一	标液浓度	信号值	
		工作曲线方程：		
	工作曲线二	标液浓度	信号值	
		工作曲线方程：		
	空白信号			

设备名称	关键参数名称	参数设置		备注
总磷（钼酸铵光度法）	校准系数			
	测量量程			
	测量精度			
	测量检出限			
总氮（碱性过硫酸钾-紫外光度法）	跨度值			
	样品体积/次			
	消解液体积/次			
	调节液体积/次			
	中和液体积/次			
	消解时间及温度			
	工作曲线			
	工作曲线方程			
	空白信号			
	校准系数			
	测量量程			
	测量精度			
	测量检出限			
总氮（碱性过硫酸钾-还原显色法）	跨度值			
	样品体积/次			
	消解液体积/次			
	缓冲液体积/次			
	中和液体积/次			
	显色剂体积/次			
	消解时间及温度			
	显色时间及温度			
	工作曲线一	标液浓度	信号值	
		工作曲线方程：		
	工作曲线二	标液浓度	信号值	
		工作曲线方程：		

设备名称	关键参数名称	参数设置		备注
总氮（碱性过硫酸钾-还原显色法）	空白信号			
	校准系数			
	测量量程			
	测量精度			
	测量检出限			
氨氮（水杨酸比色法）	跨度值			
	样品体积/次			
	显色剂体积/次			
	氧化剂体积/次			
	中和液体积/次			
	吸收液体积/次			
	消解时间及温度			
	显色时间及温度			
	工作曲线一	标液浓度	信号值	
		工作曲线方程：		
	工作曲线二	标液浓度	信号值	
		工作曲线方程：		
	空白信号			
	校准系数			
	测量量程			
	测量精度			
	测量检出限			
氨氮（纳氏试剂法）	跨度值			
	样品体积/次			
	显色剂体积/次			
	中和液体积/次			
	吸收液体积/次			
	消解时间及温度			
	显色时间及温度			

<table>
<tr><th>设备名称</th><th>关键参数名称</th><th colspan="2">参数设置</th><th>备注</th></tr>
<tr><td rowspan="19">氨氮
（纳氏试剂法）</td><td rowspan="7">工作曲线一</td><td>标液浓度</td><td>信号值</td><td></td></tr>
<tr><td></td><td></td><td></td></tr>
<tr><td></td><td></td><td></td></tr>
<tr><td></td><td></td><td></td></tr>
<tr><td></td><td></td><td></td></tr>
<tr><td></td><td></td><td></td></tr>
<tr><td colspan="2">工作曲线方程：</td><td></td></tr>
<tr><td rowspan="7">工作曲线二</td><td>标液浓度</td><td>信号值</td><td></td></tr>
<tr><td></td><td></td><td></td></tr>
<tr><td></td><td></td><td></td></tr>
<tr><td></td><td></td><td></td></tr>
<tr><td></td><td></td><td></td></tr>
<tr><td></td><td></td><td></td></tr>
<tr><td colspan="2">工作曲线方程：</td><td></td></tr>
<tr><td>空白信号</td><td colspan="2"></td><td></td></tr>
<tr><td>浓度系数</td><td colspan="2"></td><td></td></tr>
<tr><td>测量量程</td><td colspan="2"></td><td></td></tr>
<tr><td>测量精度</td><td colspan="2"></td><td></td></tr>
<tr><td>测量检出限</td><td colspan="2"></td><td></td></tr>
<tr><td rowspan="25">氨氮
（电极法）</td><td>跨度值</td><td></td><td></td><td></td></tr>
<tr><td>样品体积/次</td><td></td><td></td><td></td></tr>
<tr><td>标样一体积/次</td><td></td><td></td><td></td></tr>
<tr><td>标样二体积/次</td><td></td><td></td><td></td></tr>
<tr><td>调节液体积/次</td><td></td><td></td><td></td></tr>
<tr><td>反应时间及温度</td><td></td><td></td><td></td></tr>
<tr><td rowspan="7">工作曲线一</td><td>标液浓度</td><td>信号值</td><td></td></tr>
<tr><td></td><td></td><td></td></tr>
<tr><td></td><td></td><td></td></tr>
<tr><td></td><td></td><td></td></tr>
<tr><td></td><td></td><td></td></tr>
<tr><td></td><td></td><td></td></tr>
<tr><td colspan="2">工作曲线方程：</td><td></td></tr>
<tr><td rowspan="7">工作曲线二</td><td>标液浓度</td><td>信号值</td><td></td></tr>
<tr><td></td><td></td><td></td></tr>
<tr><td></td><td></td><td></td></tr>
<tr><td></td><td></td><td></td></tr>
<tr><td></td><td></td><td></td></tr>
<tr><td></td><td></td><td></td></tr>
<tr><td colspan="2">工作曲线方程：</td><td></td></tr>
<tr><td>空白信号</td><td colspan="2"></td><td></td></tr>
<tr><td>校准系数</td><td colspan="2"></td><td></td></tr>
<tr><td>测量量程</td><td colspan="2"></td><td></td></tr>
<tr><td>测量精度</td><td colspan="2"></td><td></td></tr>
<tr><td>测量检出限</td><td colspan="2"></td><td></td></tr>
</table>

附录E 地表水水质自动监测站试运行报告
（资料性附录）

地表水水质自动监测站

试运行报告

（模板）

报告编号：

站点名称：

断面名称：

断面编号：

承建单位：

二〇 年 月 日

注：本报告内容为参考性内容，可根据实际需求进行修改。

说 明

1. 报告内容需填写齐全、清楚、签名清晰。

2. 主要内容至少包括下述内容：

（1）试运行期间质控数据；

（2）试运行期间数据有效率统计；

（3）试运行期间日报、月报；

（4）试运行维护计划与质控计划；

（5）试运行维护情况。

一、概述

二、试运行情况

1. 维护计划与质控计划

2. 质控测试情况

站点名称：		断面名称：		断面编码：
监测项目	性能指标	结果	技术要求	考核结果（合格√，不合格×）
	数据有效率			
	每日质控			
	多点线性核查			
	实际水样比对			
	集成干预检查			
	加标回收率			
	……			
监测项目	性能指标	结果	技术要求	考核结果（合格√，不合格×）
	数据有效率			
	每日质控			
	多点线性核查			
	实际水样比对			
	集成干预检查			
	加标回收率			
	…			

注：①试运行期间数据有效率评价参考《地表水水质自动监测站运行维护技术要求》的相关要求；

②每日质控指每日开展的零点核查、跨度检查、24 h 零点漂移和跨度漂移的质控措施。

3. 试运行情况

三、存在问题与改进方案

四、质控数据原始记录表

1. 原始记录

表 E-1 每日质控测试记录表

站点名称：			断面名称：		断面编码：	
仪器名称：			仪器型号：		仪器编号：	
零点校正液浓度：		跨度校正液浓度：		跨度值：		通过率：
时间	零点校正液测试结果	示值误差	零点漂移	跨度校正液测试结果	示值误差	跨度漂移

测试人：　　　　　　　　复核人：　　　　　　　　审核人：

注：①每日质控指每日开展的零点核查、跨度检查、24 h 零点漂移和跨度漂移的质控措施；

②通过率指每日质控通过次数次数/总每日质控次数。

表 E-2 多点线性核查考核原始记录表

水站名称：	断面名称：	断面编码：	仪器名称：
仪器型号：	仪器编号：	测试时间：	测试温湿度：
测定次数	标准溶液浓度/（mg/L）	仪器测定值/（mg/L）	准确度
1			
2			
3			
4			
相关系数 γ			
技术要求	（相关系数及准确度）		
结果判定（合格√，不合格×）：			

测试人：　　　　复核人：　　　　审核人：

表 E-3 集成干预检查实验考核原始记录表

水站名称：		断面名称：			断面编码：	
监测项目	监测时间	系统测试结果/（mg/L）	仪器测试结果/（mg/L）	相对偏差	技术要求	是否合格（合格√，不合格×）

测试人：　　　　复核人：　　　　审核人：

表 E-4 加标回收率自动测试记录表

<table>
<tr><td>水站名称：</td><td colspan="2">断面名称：</td><td colspan="2">断面编码：</td><td>仪器型号：</td></tr>
<tr><td>仪器编号：</td><td colspan="2">测试时间：</td><td colspan="2">测试温度：</td><td>测试湿度：</td></tr>
<tr><td rowspan="2">样品体积/ml</td><td colspan="2">加标样</td><td colspan="2" rowspan="2">加标前样品测定结果/（mg/L）</td><td rowspan="2">加标后样品测定结果/（mg/L）</td></tr>
<tr><td>加标液浓度/（mg/L）</td><td>加标体积/ml</td></tr>
<tr><td></td><td></td><td></td><td colspan="2"></td><td></td></tr>
<tr><td>加标回收率</td><td colspan="5"></td></tr>
<tr><td>技术要求</td><td colspan="5"></td></tr>
<tr><td colspan="6">是否合格（合格√，不合格×）</td></tr>
</table>

测试人： 复核人： 审核人：

表 E-5 仪器实际水样比对实验考核原始记录表

<table>
<tr><td colspan="2">水站名称：</td><td colspan="3">断面名称：</td><td colspan="2">断面编码：</td></tr>
<tr><td>监测项目</td><td>监测时间</td><td>系统测试结果</td><td>实验室测试结果</td><td>相对误差</td><td>技术要求</td><td>是否合格（合格√，不合格×）</td></tr>
<tr><td></td><td></td><td></td><td></td><td></td><td></td><td></td></tr>
<tr><td></td><td></td><td></td><td></td><td></td><td></td><td></td></tr>
<tr><td></td><td></td><td></td><td></td><td></td><td></td><td></td></tr>
<tr><td></td><td></td><td></td><td></td><td></td><td></td><td></td></tr>
<tr><td></td><td></td><td></td><td></td><td></td><td></td><td></td></tr>
<tr><td></td><td></td><td></td><td></td><td></td><td></td><td></td></tr>
<tr><td></td><td></td><td></td><td></td><td></td><td></td><td></td></tr>
</table>

测试人： 复核人： 审核人：

2. 水站试运行报表

表 E-6 试运行期间数据报表

水站名称							统计日期						
测试时间	水温/℃	pH	溶解氧/（mg/L）	电导率/（μS/cm）	浊度/NTU	氨氮/（mg/L）	高锰酸盐指数/（mg/L）	总磷/（mg/L）	总氮/（mg/L）	叶绿素 a/（μg/L）	蓝绿藻/（cells/ml）	……
…												

3. 易耗品更换记录表

表 E-7 易耗品更换记录表

设备名称		规格型号		设备编号	
序号	易耗品名称	规格型号	单位	数量	更换原因说明（备注）
维护保养人：	时间：		核查人：		时间：

4. 系统故障统计表

表 E-8 系统故障统计表

设备名称		规格型号		设备编号	
序号	故障时间	故障名称	故障原因	修复时间	备注
维护保养人：		时间：	核查人：		时间：

5. 试剂及标准溶液更换记录表

表 E-9 试剂更换记录表

仪器名称	试剂名称	更换时间	配制时间	试剂体积	配制人员	更换人员
维护保养人：		时间：		核查人：	时间：	

表 E-10 标准溶液更换记录表

设备名称			规格型号		设备编号		
序号	试剂名称	标准样品浓度	配制时间	更换时间	数量	配制人员	更换人员
维护保养人：		时间：		核查人：		时间：	

附录 F　地表水水质自动监测站验收监测报告
（资料性附录）

地表水水质自动监测站

验收监测报告

（模板）

报告编号：

站点名称：

断面名称：

断面编号：

二〇　年　月　日

注：本报告内容为参考性内容，可根据实际需求进行修改。

一、概述

二、验收监测要求

本次标准溶液考核结果需符合表 F-1 的要求，实际水样比对需符合表 F-2 的要求。

表 F-1 标准溶液考核技术要求

监测参数	示值误差	
pH	±0.1 pH	
溶解氧	±0.3 mg/L	
电导率	电导率＞100 μS/cm	±5%
	电导率≤100 μS/cm	±5μS/cm
浊度	±10%	
叶绿素 a	零点绝对误差应为≤3 倍检出限，其他点相对误差应≤±5%，线性相关系数应≥0.993	
蓝绿藻密度		
氨氮	±10%	
高锰酸盐指数	±10%	
总磷	±10%	
总氮	±10%	

表 F-2 实际水样比对技术要求

项目	实际水样比对要求	
pH	±0.5	
水温	±0.5℃	
溶解氧	±0.5 mg/L	
电导率	水样浓度＞100μS/cm	±10%
	水样浓度≤100μS/cm	±10μS/cm
浊度	±20%	
氨氮	①	
高锰酸盐指数		
总磷		
总氮		

注：①当 $C_x > B_{\mathrm{IV}}$，水样比对的相对误差在 20%以内；

②当 $B_{\mathrm{II}} < C_x \leq B_{\mathrm{IV}}$，水样比对的相对误差在 30%以内；

③当自动监测结果和实验室分析结果均≤B_{II}时，认定比对实验结果合格。

式中：C_x —— 仪器测定浓度；

B —— GB 3838 表 1 中相应的水质类别浓度标准限值。

三、监测结果

表 F-3 监测仪器标准溶液考核原始记录表

序号	监测项目	标准溶液浓度	仪器测试结果	测定误差	合格与否
1	pH				
2	溶解氧				
3	电导率				
4	浊度				
5	高锰酸盐指数				
6	氨氮				
7	总磷				
8	总氮				
9	……				

表 F-4 实际水样比对检测原始记录表

序号	监测项目	自动测试结果	实验室测试结果	测定误差	合格与否
1	水温				
2	pH				
3	溶解氧				
4	电导率				
5	浊度				
6	叶绿素 a				
7	高锰酸盐指数				
8	氨氮				
9	总磷				
10	总氮				
	……				

四、验收监测比对原始记录（由具备资质的实验室提供）

附录G 地表水水质自动监测站验收报告
（资料性附录）

地表水水质自动监测站

验收报告

项目编号：

站点名称：

断面名称：

断面编号：

承建单位：

二〇 年 月 日

注：本报告内容为参考性内容，可根据实际需求进行修改。

附　件

（1）责任环境保护行政主管部门出具的站房和采水设施验收报告（浮船站除外）；

（2）水站地理位置、经纬度、周边支流汇入及污染源情况、水文情况、点位水系图等资料；

（3）责任环境保护行政主管部门出具的水站监测点位论证报告；

（4）水站基础设施核查报告（浮船站除外）；

（5）仪器适用性检测报告；

（6）到货签收表；

（7）水站安装调试报告（含功能检查报告、仪器设备调试记录、集成及辅助单元调试记录等）；

（8）系统集成及仪器关键参数记录表（主要包括集成采配水关键参数及仪器的关键参数和信息）；

（9）水站试运行报告；

（10）水站验收监测报告

（11）环境监测仪器质量监督检验中心出具的仪器适用性检测报告、仪器说明书及水站维护手册；

（12）水站运行维护方案及计划；

（13）水站技术档案，包括但不限于下列内容：

①现场仪器设备维护记录；

②系统集成及仪器的配置及关键参数记录；

③水站故障统计表。

（14）保障制度，包括但不限于下列内容：

①水站运行维护管理制度；

②水站运行管理人员岗位职责；

③水站质量管理保障制度；

④水站岗位培训及考核制度；

⑤水站建设、运行维护和质量控制的档案管理制度。

（15）固定资产登记。

附录H 地表水水质自动监测站固定资产卡
（规范性附录）

地表水水质自动监测站固定资产卡

卡片编号： 日期：

水站名称		所属流域		
断面名称		断面编码		
行政区		第三方机构名称		
联系人		联系电话		
传真		邮政编码		
联系地址				
所属项目名称				
经费来源		总投资		
合同号		验收日期		
设备/设施名称	规格型号	安装时间	数量/（台/套）	费用/万元
站房				
常规五参数水质自动分析仪				
叶绿素a水质自动分析仪				
蓝绿藻密度水质自动分析仪				
氨氮水质自动分析仪				
高锰酸盐指数水质自动分析仪				
总氮水质自动分析仪				
总磷水质自动分析仪				
留样单元				
采水单元				
配水单元				
控制单元				
质控单元				
VPN通信系统				
……				

水环境监测点位编码规则

1 适用范围

本规则规定了全国水环境监测点位编码方法和编码规则。

本规则适用于全国各级生态环境部门水环境信息的采集、交换、加工、使用及环境信息系统建设的管理工作。

2 规范性引用文件

本规则内容引用了下列文件或其中的条款。凡是未注明日期的引用文件，其有效版本适用于本规则。

GB/T 2260	中华人民共和国行政区划代码
HJ/T 91	地表水和污水监测技术规范
GB/T 14157—93	水文地质术语

3 术语和定义

下列术语和定义适用于本规则。

3.1 流域 watershed

指江河湖库及其汇水来源各支流、干流和集水区域总称。

3.2 水环境 water environment

水环境主要由地表水环境和地下水环境两部分组成。

3.3 地表水 surface water

陆地表面上动态水和静态水的总称，亦称“陆地水”，包括各种液态的和固态的水体，主要有河流、湖泊、沼泽、冰川、冰盖等。

3.4 地下水 underground water

指埋藏在地表以下各种形式的重力水。

4 编码规则

4.1 编码结构

水环境监测点位编码由六部分组成，分别为控制级别代码、行政区代码、监测点位顺序代码、预留位、流域代码和水体类型代码。

4.2 编码组成

按上述编码结构形成固定14位长度的字母数字混合码，即1位控制级别代码+6位行政区代码+4位顺序代码+1位预留扩展代码+1位流域代码+1位水体类型代码。

4.2.1 控制级别代码

监测点位所属控制级别代码用1位阿拉伯数字表示，即1～9。各级别代码如下：1—国控考核；2—国控趋势科研；6—省控；7—市控；8—县控。

4.2.2 行政区划代码

监测点位所在行政区划代码用6位阿拉伯数字表示，根据GB/T 2260确定。国控监测点位至少填至前4位，后2位可填0；省控、市控、县控监测点位应填满6位。

4.2.3 监测点位顺序代码

监测点位顺序代码用4位阿拉伯数字表示，即0001～9999。国控监测点位编码以省（即行政区划代码前2位编码相同）为单位排序；省控监测点位以市（即第二部分前4位编码相同）为单位排序；市控监测点位以县（即第二部分6位编码相同）为单位排序。

4.2.4 预留扩展代码

预留扩展代码用1位阿拉伯数字表示，统一编为0。

4.2.5 流域代码

监测点位所属流域代码用1位大写英文字母（不包括I和O）表示。其中：A—长江流域；B—黄河流域；C—珠江流域；D—松花江流域；E—淮河流域；F—海河流域；G—辽河流域；H—浙闽片河流；J—西南诸河；K—西北诸河；L—太湖流域；M—巢湖流域；N—滇池流域。

4.2.6 水体类型代码

监测点位所处水体类型代码用1位阿拉伯数字表示。各类型代码如下：1—河流；2—湖库；3—饮用水水源；4—地下水；5—底泥及沉积物；9—其他。

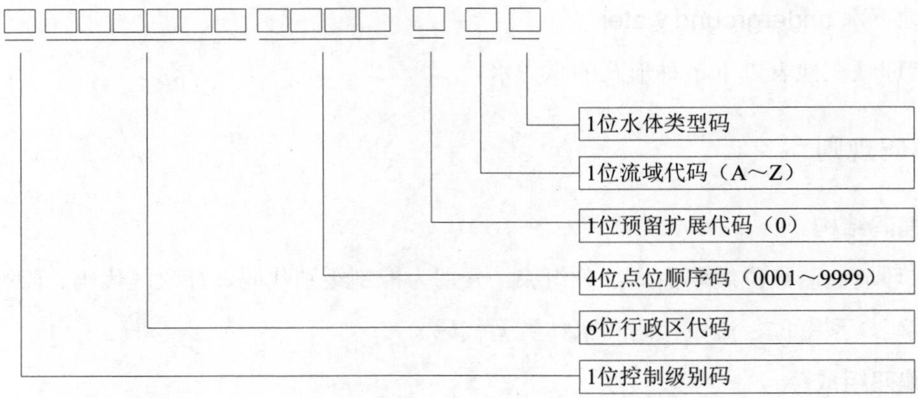

图 1　编码结构图

5　编码撤销和变更

当水环境监测点位撤销或变更时，原有监测点位编码保留，不能被重新使用。

附录A 水环境监测点位编码示例
（资料性附录）

一、国控断面：云峰（吉林省通化市），点位编码：122050000040G1

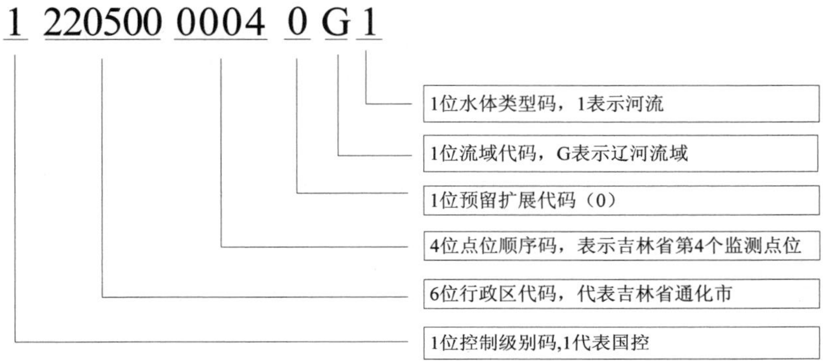

图1 国控水环境监控点位编码示例

二、省控断面：龙王庙（江苏省南京市），点位编码：632010000300A1

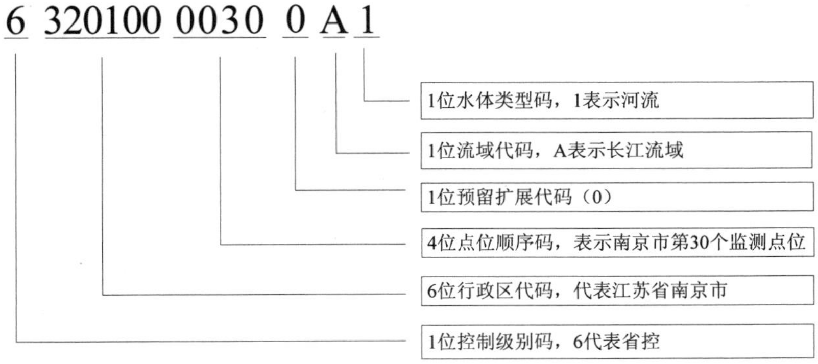

图2 省控水环境监控点位编码示例

三、市控断面：香山大桥（江苏省无锡市），点位编码：732021700110L1

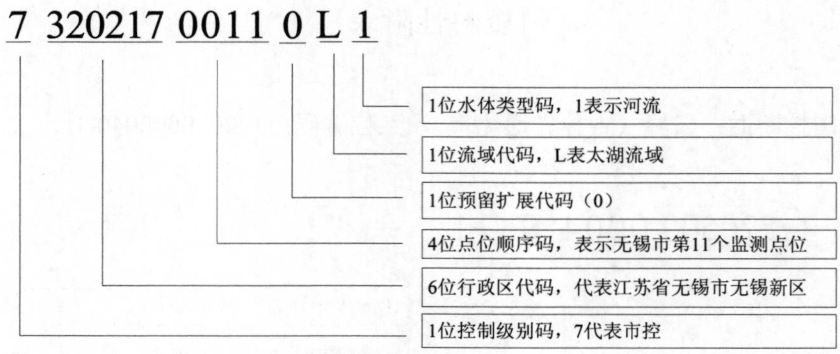

图 3　市控水环境监控点位编码示例

四、县控断面：工农桥（江苏省东台市），点位编码：832098100030E1

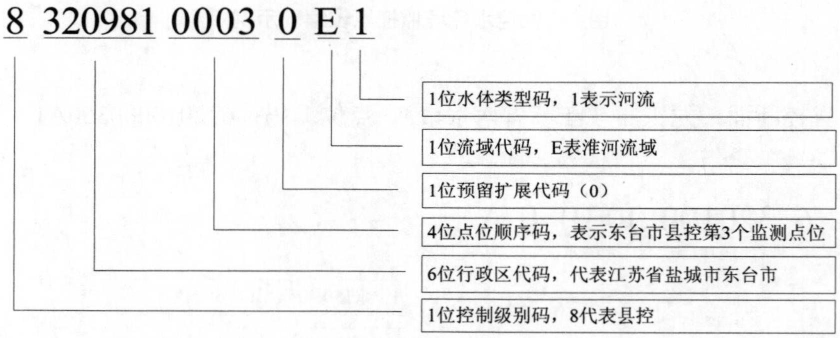

图 4　县控水环境监控点位编码示例

地表水自动监测数据审核技术要求

1 适用范围

本技术要求规定了国家地表水环境质量自动监测数据审核依据、审核流程以及各阶段数据审核的技术要求。

本技术要求适用于国家地表水环境质量自动监测数据审核工作，其他可参照执行。

2 规范性引用文件

本技术要求内容引用了下列文件中的条款。凡是未注明日期的引用文件，其有效版本适用于本技术要求。

GB 3838　地表水环境质量标准

HJ 630　环境监测质量管理技术导则

HJ 915　地表水自动监测技术规范（试行）

地表水水质自动监测站运行维护技术要求

《国家地表水环境质量监测网监测任务作业指导书》（试行）

3 术语和定义

下列术语和定义适用于本技术要求。

3.1 跨度 span

采用《地表水水质自动监测站运行维护技术要求》的定义。

3.2 零点核查 zero check

采用《地表水水质自动监测站运行维护技术要求》的定义。

3.3 跨度核查 span check

采用《地表水水质自动监测站运行维护技术要求》的定义。

3.4 24 h 零点漂移 24 hours zero drift

采用《地表水水质自动监测站运行维护技术要求》的定义。

3.5 24 h 跨度漂移 24 hours span drift

采用《地表水水质自动监测站运行维护技术要求》的定义。

3.6 集成干预检查 Integrated interference test

采用《地表水水质自动监测站运行维护技术要求》的定义。

3.7 多点线性核查 Multipoint linear verification

采用《地表水水质自动监测站运行维护技术要求》的定义。

3.8 待审数据 pending data

地表水水质自动监测站（以下简称水站）通过标准传输协议上报的监测数据。

3.9 无效数据 invalid data

未能通过系统预审，或者人工标记为无效的数据。

3.10 存疑数据 suspected data

通过系统预审且未能通过人工审核的数据，或者人工标记为存疑的数据。

3.11 入库数据 database data

通过四级审核且不能修改的数据，用于数据统计。

4 人员职责

4.1 运维公司数据审核员

审核水站通过标准传输协议上报的监测数据，对系统预审数据进行确认及标记。

4.2 运维公司技术负责人

对运维公司数据审核员审核过的数据进行复核确认。

4.3 省级审核人员

对运维公司审核过的数据进行存疑标记。

4.4 专家审核人员

对存疑数据进行审核并处置。

4.5 终审人员

对专家审核的数据进行终审，并将数据入库。

5 工作流程

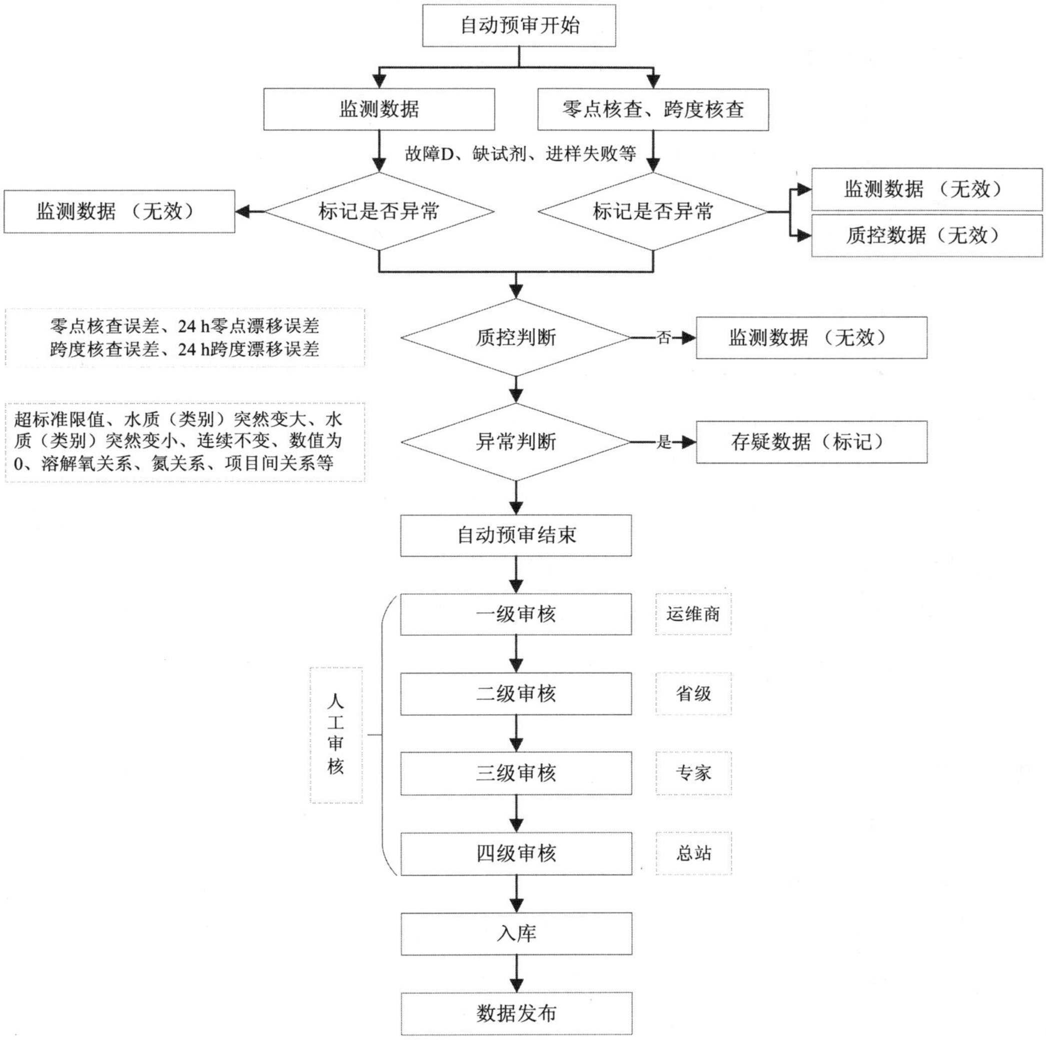

图 1　地表水自动监测数据审核工作流程

6 数据审核技术要求

自动监测数据通过质控考核及辅助手段等完成系统自动预审核、自动标记后，进入数据审核阶段。数据审核分为一级审核、二级审核、三级审核和四级审核 4 个阶段，其中，二级审核期间为数据质询期。

6.1 自动预审核

6.1.1 存疑数据判定

当监测数据出现且不仅限于以下情况时，系统标记为存疑数据，便于人工复核。

（1）监测数据突然变大、突然变小、连续不变。

（2）监测数据为 0 值。

（3）监测数据低于仪器检出限。

（4）监测项目的关键状态值（消解温度、消解时长、显色温度等）不在合理范围。

（5）数值间逻辑关系不符合要求。

6.1.2 无效数据判定

当监测数据出现且不仅限于以下情况时，系统标记为无效数据，便于人工复核。

（1）水站维护测试时间段内产生的数据。

（2）水质自动分析仪出现故障时产生的数据。

（3）当天 24 h 零点核查、24 h 零点漂移、24 h 跨度核查、24 h 跨度漂移中任意 1 项不满足考核指标要求，前 24 h 的监测数据无效。

（4）当水质自动分析仪多点线性核查、实际水样比对等结果中任意 1 项不满足考核指标要求，当月监测数据全部无效。

质控考核技术要求见附录 A。

6.2 人工审核

6.2.1 一级审核

中国环境监测总站（以下简称总站）委托运维公司人员对原始数据进行审核，对系统自动预审核、自动标记结果进行初审，对系统自动预审的结果进行确认，针对存疑数据和无效数据进行标记，并加批注写明原因。由运维公司技术负责人对该标记结果进行确认。系统数据标记表见附录 B。

6.2.1.1 审核时限

（1）日审核。

每天下午 4 点之前完成对前一天自动监测数据的审核，如果没有在规定时间内审核完毕，数据则自动进入下一级审核。如有存疑数据不能当天确定审核，应标记为待审数据，待审数据应在 7 d 之内审核完成。

（2）月审核。

每月 4 日之前完成对上一个月监测数据的一级审核。

6.2.1.2 审核依据

（1）数据规范性：查看系统过程日志，监测全过程是否运行正常。

（2）质控符合性：质控过程及手段是否符合相关质控要求，质控数据是否合格。

（3）逻辑合理性：相关监测项目数据之间逻辑关系是否合理，上下游之间监测数据逻辑关系是否合理。

（4）数据可比性：当前监测数据与历史数据及最近一次的手工监测数据是否可比。

（5）样品代表性：由于降雨影响、水体藻类较多、上游断流、冰封期冰层下水深较浅、采样期间水体中有突发性污染团过境等原因导致样品代表性存疑。

6.2.2 二级审核

省级审核人员审核本省自动监测数据，主要针对一级审核中标记的存疑数据进行复核。如同意一级审核结果，可确认数据进入下一级审核；如对一级审核结果有异议，可对存疑数据进行标记，并加批注写明原因，及时将存疑数据反馈各属地环境监测机构，并在规定时间内提交存疑数据及相关佐证材料。

6.2.2.1 审核时限

每月 7 日之前完成对上一个月自动监测数据的审核及存疑数据佐证材料上传，如果没有在规定时间内审核完毕，数据则自动进入下一级审核。

6.2.2.2 审核依据

按照 6.2.1.2 进行审核。

6.2.2.3 质询程序

（1）省级审核人员对一级审核中标记的存疑数据进行复核，并将审核结果反馈相关地市。

（2）地市提供相关佐证材料，包括采样点及周边状况、历史数据、上下游水质水量数据、最近一次手工监测数据、相关分析等，由地市级环境监测机构出具加盖公章的红头文件。

（3）省级审核人员在规定时间内将佐证材料上传至平台。

6.2.3 三级审核

总站组织审核专家组对一级审核和二级审核提出的存疑数据进行审核，判断数据是否有效。

6.2.3.1 审核时限

每月 10 日之前完成。

6.2.3.2 审核依据

专家组对存疑数据审核时，综合考虑以下因素：

（1）二级审核提交的存疑数据相关佐证材料。

（2）存疑数据的监测全过程，包括从开始采样到分析结束的全部过程的日志和影像资料。

（3）采样点现场水体及周边状况、气象条件影像。

（4）断面近一个月以来历史数据及变化趋势。

（5）河流上下游、湖库各区域各监测项目浓度水平。

（6）最近一次手工监测数据。

（7）质控数据结果。

6.2.4 四级审核

总站对三级审核形成的认定结果进行终审，并进行数据入库。

6.2.4.1 审核时限

每月 12 日之前完成。

6.2.4.2 审核内容

对三级审核形成的认定结果进行综合审核，经处室负责人、总站相关负责人审核后，将上月水质自动监测数据进行入库，数据一经入库不可再修改，通过平台将数据发布。

附录 A　质控考核技术要求表
（规范性附录）

<table>
<tr><th colspan="2">质控项目</th><th>高锰酸盐指数</th><th>氨氮</th><th>总磷</th><th>总氮</th><th>备注</th></tr>
<tr><td colspan="2">24 h 零点核查</td><td>±1.0 mg/L</td><td>±0.2 mg/L</td><td>±0.02 mg/L</td><td>±0.3 mg/L</td><td></td></tr>
<tr><td colspan="2">24 h 零点漂移</td><td colspan="4">±5%</td><td></td></tr>
<tr><td colspan="2">24 h 跨度核查</td><td colspan="4">±10%</td><td>如做其他浓度标样核查应≤±10%</td></tr>
<tr><td colspan="2">24 h 跨度漂移</td><td colspan="4">±5%</td><td></td></tr>
<tr><td rowspan="3">多点线性核查</td><td>零点绝对误差</td><td>±1.0 mg/L</td><td>±0.2 mg/L</td><td>±0.02 mg/L</td><td>±0.3 mg/L</td><td rowspan="3">多点线性核查可在多日内穿插完成，可使用零点核查和跨度核查测试结果</td></tr>
<tr><td>示值误差</td><td colspan="4">±10%</td></tr>
<tr><td>相关系数</td><td colspan="4">≥0.98</td></tr>
<tr><td colspan="2" rowspan="3">实际水样比对</td><td colspan="2">$C_x > B_{\mathrm{IV}}$</td><td colspan="2">±20%</td><td rowspan="3"></td></tr>
<tr><td colspan="2">$B_{\mathrm{II}} < C_x \leq B_{\mathrm{IV}}$</td><td colspan="2">±30%</td></tr>
<tr><td colspan="4">当自动监测结果和实验室分析结果均低于 B_{II}时，认定比对实验结果合格</td></tr>
<tr><td colspan="2">加标回收率自动测试</td><td colspan="4">80%～120%</td><td>浮船站除外</td></tr>
<tr><td colspan="2" rowspan="2">集成干预检查</td><td colspan="2">$C_x > B_{\mathrm{IV}}$</td><td colspan="2">±10%</td><td rowspan="2">浮船站除外</td></tr>
<tr><td colspan="2">$B_{\mathrm{II}} < C_x \leq B_{\mathrm{IV}}$</td><td colspan="2">±15%</td></tr>
</table>

附录B 系统数据标记表
（规范性附录）

标识	标识定义	说明
N	正常	测量数据正常有效
T	超上限	监测浓度超仪器测量上限
L	超下限	监测浓度超仪器下限或小于检出限
P	电源故障	系统电源故障，可由是否为UPS供电进行判断
D	仪器故障	仪器故障
F	仪器通信故障	仪器数据采集失败
B	仪器离线	仪器离线（数据通信正常）
Z	取水点无水样	取水点没有水样或采水泵未正常上水
S	手工输入数据	手工输入的补测值（补测数据）
M	维护调试数据	在线监控（监测）仪器仪表处于维护（调试）期间产生的数据
Hd	现场启动测试	现场人员通过基站监测系统以手工即时执行的方式发出的命令，并让仪器自动完成操作，包括水样测试、标样核查测试、加标回收测试、零点核查、跨度核查等

国家地表水自动监测系统通信协议技术要求

1　适用范围

本技术要求适用于国家地表水水质自动监测站数据采集端与总站中心服务器之间的数据传输，规定了传输的过程及数据命令的格式，给出了代码定义，本技术要求允许扩展，但扩展内容时不得与本技术要求中所使用或保留的控制命令相冲突。

2　技术要求引用文件

本技术要求内容引用了下列文件中的条款。凡是未注日期的引用文件，其有效版本适用于本技术要求。

HJ 212—2017	污染物在线监控（监测）系统数据传输标准
GB/T 19582—2008	基于 Modbus 协议的工业自动化网络规范
HJ 525—2009	水污染物名称代码

3　术语和定义

下列术语和定义适用于本技术要求。

3.1　地表水水质自动监测站

指完成地表水水质自动监测的现场部分，一般由站房、采配水、控制、检测、数据传输等全部或者数个单元组成，简称水站。

3.2　地表水水质自动监测平台

指对水站进行远程监控、数据传输统计与应用的系统，简称数据平台。

3.3　地表水水质自动监测系统

由地表水水质自动监测站和地表水水质自动监测平台组成的称为自动监测系统。

3.4 上位机

是安装在各级环保部门、通过传输网络与数采仪连接并对其发出查询和控制等指令的数据接收和数据处理系统，包括计算机及计算机软件等，本技术要求简称上位机。

3.5 在线监测仪器

是安装在地表水自动监测站现场，用于监测地表水环境质量并完成与上位机通信传输的设备，包括水质分析仪、流量（速）计、数据采集传输仪等，本技术要求简称监测仪表。

3.6 数据采集传输仪

以下简称数采仪，是采集各种类型监控仪器仪表的数据、完成数据存储及与上位机数据传输通信功能的单片机、工控机、嵌入式计算机、可编程自动化控制器等，本技术要求简称数采仪。

3.7 现场机

安装于水质自动监测站点的在线监测仪器和数采仪统称为现场机。

4 系统结构

4.1 结构说明

地表水在线监测系统从底层逐级向上可分为现场机、传输网络和上位机（平台）3个层次。上位机通过传输网络与现场机进行通信（包括发起、数据交换、应答等）。

4.2 地表水在线监测系统构成方式

现场有一套或多套监控仪器，监控仪器仪表具有数字输出接口，连接到独立的数据采集传输仪，上位机通过传输网络与现场机进行通信（包括发起、数据交换、应答等），如图1所示。

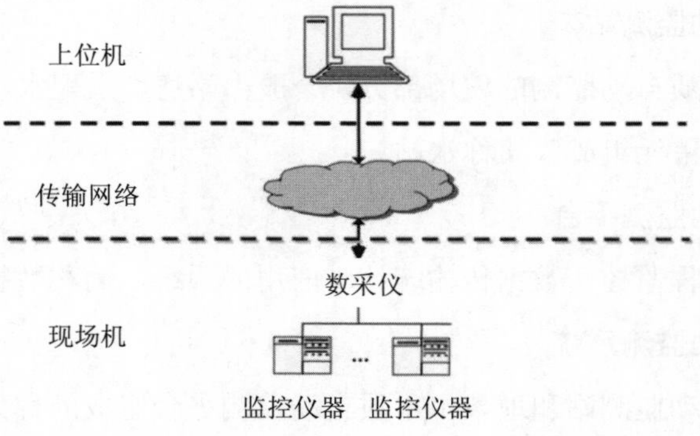

图1 地表水在线监测系统构成示意图

5 协议层次

现场机与上位机之间基于计算机网络传输数据，具体的组网方式不作限制。

本技术要求规定的数据传输协议应用于 TCP/IP 的应用层，即现场机与上位机之间进行通信时，交换消息的内容和规范，在 TCP/IP 传输层，规定使用 TCP 协议。

6 协议内容

6.1 应答模式

完整的命令由请求方发起、响应方应答组成，具体步骤如下：

（1）请求方发送请求命令给响应方；

（2）响应方接到请求后，向请求方发送请求应答（握手完成）；

（3）请求方收到请求应答后，等待响应方回应执行结果；如果请求方未收到请求应答，按请求回应超时处理；

（4）响应方执行请求操作；

（5）响应方发送执行结果给请求方；

（6）请求方收到执行结果，命令完成；如果请求方没有接收到执行结果，按执行超时处理。

6.2 超时重发机制

6.2.1 请求回应的超时

一个请求命令发出后在规定的时间内未收到回应，视为超时；

超时后重发，重发超过规定次数后仍未收到回应视为通信不可用，通信结束；

超时时间根据具体的通信方式和任务性质可自定义；

超时重发次数根据具体的通信方式和任务性质可自定义。

6.2.2 执行超时

请求方在收到请求回应（或一个分包）后规定时间内未收到返回数据或命令执行结果，认为超时，命令执行失败，请求操作结束。

缺省超时及重发次数定义（可扩展）如表 1 所示。

表 1 缺省超时及重发次数定义表

通信类型	缺省超时定义/s	重发次数
GPRS	10	3
CDMA	10	3
ADSL	5	3
WCDMA	10	3
TD-SCDMA	10	3
CDMA2000	10	3
PLC	10	3
TD-LTE	10	3
FDD-LTE	10	3
WIMAX	10	3

6.3 通信协议数据结构

所有的通信包都是由 ASCII 码（汉字除外，采用 GB 2312 码，8 位，1 字节）字符组成。通信协议数据结构如图 2 所示。

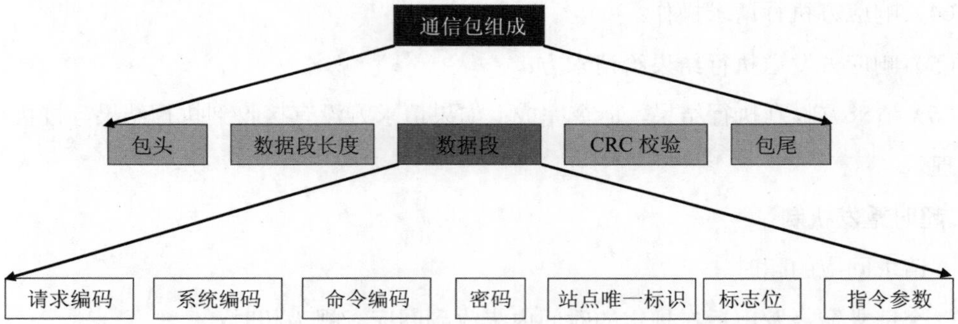

图 2 通信协议数据结构

通信包结构如表 2，所有的通信包都是由 ACSII 码字符组成，标点符号为英文半角，且通信包中不含空格。其中每部分具体组成见表 3，其中长度为最大长度，不足位数按实际位数。

表 2 通信包结构

包头	数据段长度	数据段（见 6.5）	CRC 校验	包尾

6.4 通信包

通信包结构组成，见表 3。

表 3 通信包组成表

名称	类型	长度	描述
包头	字符	2	固定为##
数据段长度	十进制整数	4	数据段的 ASCII 字符数，如：长 255，则写为“0255”
数据段	字符	0＜n＜1 024	变长的数据，详见 6.5 章节的表 3《数据段结构组成表》
CRC 校验	十六进制整数	4	数据段的校验结果
包尾	字符	2	固定为<CR><LF>（回车，换行）

6.5 数据段结构组成

数据段结构见表 4，其中长度为最大长度，不足位数按实际位数。

表 4 数据段结构组成表

名称	类型	长度	描述
请求编码 QN	字符	20	精确到毫秒的时间戳：QN=YYYYMMDDhhmmsszzz，用来唯一标识一次命令交互
系统编码 ST	字符	5	地表水 ST=21 系统编码，系统编码取值详见《系统编码表》
命令编码 CN	字符	7	CN=命令编码，详见《命令编码表》
访问密码 PW	字符	9	PW=访问密码
站点唯一标识 MN	字符	13	MN=地表水用于站点编码唯一标识
应答标志 Flag	整数	3	Flag=标志位，这个标志位包含标准版本号、是否拆分包、数据是否应答。 V5 | V4 | V3 | V2 | V1 | V0 | D | A V5～V0：标准版本号；Bit：000000 表示标准 HJ/T 212—2005，000001 表示标准 HJ/T 212—2017，000010 表示本次标准修订版本号。 A：命令是否应答；Bit：1—应答，0—不应答。 D：是否有数据包序号；Bit：1—数据包中包含包号和总包数两部分，0—数据包中不包含包号和总包数两部分。 示例：Flag=8 表示标准版本为本次修订版本号，数据段不需要拆分并且命令不需要应答
总包数 PNUM	字符	9	PNUM 指示本次通信中总共包含的包数 注：不分包时可以没有本字段，与标志位有关
包号 PNO	字符	8	PNO 指示当前数据包的包号 注：不分包时可以没有本字段，与标志位有关
指令参数 CP	字符	—	CP=&&数据区&&，数据区定义见 6.6 章节

6.6 数据区

6.6.1 数据区结构定义

字段与其值用“=“连接；在数据区中，同一项目的不同分类值间用“，”来分隔，不同项目之间用“；”来分隔。

6.6.2 数据区数据类型

C4：表示最多 4 位的字符型字符串，不足 4 位按实际位数；

N5：表示最多 5 位的数字型字符串，不足 5 位按实际位数；

N14.2：用可变长字符串形式表达的数字型，表示 14 位整数和 2 位小数，带小数点，带符号，最大长度为 18；

YYYY：日期年，如 2016 表示 2016 年；

MM：日期月，如 09 表示 9 月；

DD：日期日，如 23 表示 23 日；

hh：时间小时；

mm：时间分钟；

ss：时间秒；

zzz：时间毫秒。

6.6.3 数据区字段定义

字段名要区分大小写，单词的首个字符为大写，其他部分为小写。

字段名	描述	字符集	宽度	取值及描述
SystemTime	系统时间	0～9	N14	YYYYMMDDhhmmss
ExeRtn	执行结果回应代码	0～9	N3	取值详见 6.6.5《执行结果定义表》
QnRtn	请求应答结果	0～9	N3	取值详见 6.6.4《请求命令返回表》
DataTime	监测时间	0～9	N14	YYYYMMDDhhmmss
xxx-Rtd	监测值	0～9	—	“xxx”是监测指标编码，污染监测因子编码取值详见《附录 A》
xxx-Avg	小时数据监测值	0～9		“xxx”是监测指标编码，污染监测因子编码取值详见《附录 A》
xxx-Flag	监测数据标识	A～Z/0～9	C1	参见 6.6.6 章节《数据标记表》
xxx-WaterTime	水样测试时间	0～9	N3.2	加标回收：加标前水样测试数据时间 平行样测试：第 1 次测量数据时间
xxx-Water	水样值	0～9	N3.2	加标回收：加标前水样测试值，单位为 mg/L 平行样测试：第 1 次水样测试值，单位为 mg/L
xxx-StandardValue	标样标准浓度	0～9	N3.2	

字段名	描述	字符集	宽度	取值及描述
xxx-SpanValue	仪器跨度值	0～9	N3.2	
xxx-Volume	加标体积	0～9	N14	
xxx-DVolume	加标水杯定容体积	0～9	N14	
BeginTime	开始时间	0～9	N14	YYYYMMDDhhmmss
EndTime	截止时间	0～9	N14	YYYYMMDDhhmmss
Time	流程时间	0～9	N4	单位为 s
PolId	监测因子编码	0～9/a～z/A～Z	C6	
Lng	经度	0～9	—	
Lat	纬度	0～9	—	
Volt	电压/V	0～9	N3.2	
Temp	温度/℃	0～9	N3.2	
Hum	湿度/%	0～9	N3.2	
PumpX	泵 X	0～1	N1	0 为关闭，1 为打开
ValveX	阀 X	0～1	N1	0 为关闭，1 为打开
NewPW	新密码	0～9/a～z/A～Z	C6	
RunMode	系统运行模式	0～9	N1	0—维护模式；1—常规（间歇）模式；2—应急（连续）模式；3—质控模式
PumpState	系统采水泵状态	0～9	N1	水泵状态(1—只用泵一；2—只用泵二；3—双泵交替）
SystemTask	系统当前任务	0～9	N2	0—停机；1—待机；2—调试（手动）；3—水样采集；4—沉砂；5—进样；6—仪表测试分析；7—反吹；8—清洗；9—除藻
ValveCount	系统控制阀数量	0～9	N2	
ValveStateList	系统控制阀状态	0～1	N1	状态列表：ValveStateList=0|1（依次标注每个控制阀的状态，0 表示关，1 表示开）
SandCleanTime	沉砂池清洗时间	0～9	N4	单位为 s
SandWaitTime	水样静置时间	0～9	N4	单位为 s
MeasureWaitTime	等待仪表测量时间	0～9	N4	单位为 s
CleanOutPipeTime	清洗外管路时间	0～9	N4	单位为 s
CleanInPipeTime	清洗内管路时间	0～9	N4	单位为 s
AirCleanTime	反吹时间	0～9	N4	单位为 s
AirCleanInterval	反吹间隔	0～9	N4	单位为 s
WcleanTime	清洗时间	0～9	N4	单位为 s
WcleanInterval	清洗间隔	0～9	N4	单位为 s
AlgClean	除藻选择	0～1	N1	0—停止除藻；1—启动除藻

字段名	描述	字符集	宽度	取值及描述
SystemAlarm	系统报警	0～9	N2	0—无报警；1—断电报警；2—采样管路欠压（源水泵故障）3—进样管路欠压（进样泵/增加泵故障）
VaseNo	留样瓶编号	0～9	N2	取值范围为 0<n≤99
RtdInterval	实时数据间隔	0～9	N4	单位为 min
RunInterval	测试间隔	0～9	N4	单位为 h，取值 0<n≤24
SandTime	沉沙时间	0～9	N4	单位为 s
Overtime	超时时间	0～9	N4	单位为 s，默认为 10 秒
ReCount	重发次数	0～9	N1	默认为 3 次
xxx-Info	现场端信息	—	—	“xxx”是现场端信息编码，详见附录 A
InfoId	现场端信息编码	0～9/a～z	C6	取值见附录 A

6.6.4 请求命令返回表

编号	描述	备注
1	准备执行请求	
2	请求被拒绝	
3	PW 错误	
4	MN 错误	
5	ST 错误	
6	Flag 错误	
7	QN 错误	
8	CN 错误	
9	系统繁忙不能执行	
100	未知错误	

6.6.5 执行结果定义表

编号	描述	备注
1	执行成功	
2	执行失败，但不知道原因	
3	命令请求条件错误	
4	通信超时	
5	系统繁忙不能执行	
6	系统故障	
100	没有数据	

6.6.6 数据标记表

标识	标识定义	说明
N	正常	测量数据正常有效
T	超上限	监测浓度超仪器测量上限
L	超下限	监测浓度超仪器下限或小于检出限
P	电源故障	系统电源故障，可由是否为 UPS 来供电进行判断
D	仪器故障	仪器故障
F	仪器通信故障	仪器数据采集失败
B	仪器离线	仪器离线（数据通信正常）
Z	取水点无水样	取水点没有水样或采水泵未正常上水
S	手工输入数据	手工输入的补测值（补测数据）
M	维护调试数据	在线监控（监测）仪器仪表处于维护（调试）期间产生的数据
hd	现场启动测试	现场人员通过基站监测系统以手工即时执行的方式发出的命令，并让仪器自动完成操作，包括水样测试、标样核查测试、加标回收测试、零点核查、跨度核查等

6.6.7 命令编码

命令名称	命令编码		命令类型	描述
	上位机向现场端	现场端向上位机		
参数命令				
心跳包命令		9015	上传命令	用于判断网络连接在线状态
设置超时时间及重发次数	1000		请求命令	用于上位机设置现场机的超时时间及重发次数，超时时间及重发次数参考取值参见示例表 1
提取监测仪表时间	1011		请求命令	用于提取监测仪表的系统时间
上传监测仪表时间		1011		用于上传监测仪表时间
设置监测仪表时间	1012		请求命令	用于设置监测仪表的系统时间
提取数采仪时间	1014		请求命令	用于提取数采仪的系统时间
上传数采仪时间		1014		用于上传数采仪时间
设置数采仪时间	1015		请求命令	用于设置数采仪的系统时间
提取实时数据间隔	1061			提取实时数据间隔
上传实时数据间隔		1061		上传实时数据间隔
设置实时数据间隔	1062			指定实时数据间隔
设置数采仪密码	1072		请求命令	用于设置数采仪基站软件的密码
预留参数命令				预留命令范围 1074～1999
数据命令				
取监测指标实时数据	2011		请求命令	用于启动数采仪上传实时数据
上传监测指标实时数据		2011	上传命令	用于数采仪上传监测指标实时数据
提取测量数据	2061		请求命令	用于上位机提取数采仪的地表水小时历史数据

命令名称	命令编码		命令类型	描述
	上位机向现场端	现场端向上位机		
上传测量数据		2061	上传命令	用于上传数采仪地表水小时历史数据
提取核查数据	2062		请求命令	用于上位机提取数采仪质控核查数据
上传核查数据		2062	上传命令	用于上传数采仪质控核查数据
提取加标回收数据	2063		请求命令	用于上位机提取数采仪质控加标回收测试数据
上传加标回收数据		2063	上传命令	用于上传数采仪质控加标回收测试数据
提取平行样测试数据	2064		请求命令	用于上位机提取数采仪质控平行样测试数据
上传平行样测试数据		2064	上传命令	用于上传数采仪质控平行样测试数据
提取零点核查数据	2065		请求命令	用于上位机提取数采仪质控零点核查数据
上传零点核查数据		2065	上传命令	用于上传数采仪质控零点核查数据
提取跨度核查数据	2066		请求命令	用于上位机提取数采仪质控跨度核查数据
上传跨度核查数据		2066	上传命令	用于上传数采仪质控跨度核查数据
上传数采仪开机时间		2081	上传命令	用于数采仪自动上报数采仪开机时间
预留数据命令				预留命令范围 2082～2999
控制命令				
手动远程留样	3015		请求命令	用于上位机启动即时留样
上传仪表信息（日志）		3020	上传命令	
提取仪表信息（日志）	3020		请求命令	
上传仪表信息（状态）		3020	上传命令	
提取仪表信息（状态）	3020		请求命令	
上传仪表信息（参数）		3020	上传命令	
提取仪表信息（参数）	3020		请求命令	
设置仪表信息（参数）	3021	3021	请求命令	
提取现场系统信息	3040		请求命令	（根据集成商扩展）
提取现场经纬度及环境信息	3041	3041	请求命令	（根据集成商扩展）
远程切换运行模式	3042		请求命令	0—维护模式； 1—常规（间歇）模式； 2—应急（连续）模式； 3—质控模式
远程重启现场数采仪	3043		请求命令	
远程启动系统单次测试	3044		请求命令	用于上位机启动即时采样测试
远程控制系统紧急停机命令	3045		请求命令	（根据集成商扩展）
远程控制系统进入待机命令	3046		请求命令	用于上位机启动现场机/分析仪设备进入待机状态
系统报警确认	3047		请求命令	（根据集成商扩展）

命令名称	命令编码		命令类型	描述
	上位机向现场端	现场端向上位机		
远程启动系统全面清洗	3048		请求命令	（根据集成商扩展）
远程启动系统外管路清洗	3049		请求命令	（根据集成商扩展）
远程启动系统内管路清洗	3050		请求命令	（根据集成商扩展）
远程启动沉砂池清洗	3051		请求命令	（根据集成商扩展）
远程启动系统除藻操作	3052		请求命令	（根据集成商扩展）
远程启动五参数池清洗	3053		请求命令	（根据集成商扩展）
远程启动系统过滤器清洗	3054		请求命令	（根据集成商扩展）
远程设置系统沉淀时间	3055		请求命令	（根据集成商扩展）
远程设置系统运行测量时间间隔	3056		请求命令	
设置采样泵运行模式	3057		请求命令	（根据集成商扩展）
远程控制泵	3058		请求命令	（根据集成商扩展）
远程控制阀门	3059		请求命令	（根据集成商扩展）
设置采样时间	3060			设置源水泵从河口取水采样时长（单位为 s） （根据集成商扩展）
设置进样时间	3061			从设置沉淀池向采样杯打水时长（单位为 s） （根据集成商扩展）
设置清洗外管路时间	3062			（单位为 s） （根据集成商扩展）
设置清洗内管路时间	3063			（单位为 s） （根据集成商扩展）
设置清洗清预处理单元时间	3064			指清洗沉淀池和五参数池时长（单位为 s） （根据集成商扩展）
设置测量分析时间	3065			（单位为 s） （根据集成商扩展）
设置补水时间	3066			一次进样太短允许二次补水进样（单位为 s） （根据集成商扩展）
启动单台仪表标液核查	3080		请求命令	
启动单台仪表加标回收	3081		请求命令	
启动单台仪表平行样测试	3082		请求命令	
启动单台仪表零点核查	3083		请求命令	
启动单台仪表跨度核查	3084		请求命令	
启动空白校准	3085		请求命令	仪器采用蒸馏水测试结果对仪器进行校准的过程
启动标样校准	3086		请求命令	仪器采用标准溶液测试结果对仪器校准系数或工作曲线方程进行校准的过程
预留数据命令				预留命令范围 3090～3999

命令名称	命令编码		命令类型	描述
	上位机向现场端	现场端向上位机		
交互命令				
请求应答		9011		用于数采仪回应接收上位机请求命令是否有效
执行结果		9012		用于数采仪回应接收上位机请求命令执行结果
通知应答	9013	9013		回应通知命令
数据应答	9014	9014		数据应答命令
预留交互命令				预留命令范围 9015～9999

6.7 数据类型及上传时间间隔

序号	通信命令名称	通信命令代码	上传时间间隔
1	监测指标实时数据	2011	按设置的间隔
2	监测指标五参数小时数据	2061	1 h
3	监测指标其他参数数据	2061	4 h
4	监测指标核查数据	2062	事件触发
5	监测指标加标回收数据	2063	事件触发
6	监测指标平行样数据	2064	事件触发
7	监测指标零点核查数据	2065	事件触发
8	监测指标跨度核查数据	2066	事件触发
9	数采仪开机时间	2081	每次启动上传
10	留样信息	3015	事件触发
11	仪器/数采仪信息（日志）	3020	事件触发
12	仪器/数采仪信息（状态）	3020	按心跳包间隔（5 min）
13	仪器信息（参数）	3020	4 h

附录 A
（规范性附录）

1. 常用监测指标编码表

表 A-1 水监测指标编码表（可扩展）

所扩展的因子编码应符合 HJ 525—2009 标准要求；数据修约仅为平台软件显示各监测指标小数点位数提供参考依据。

序号	编码	中文名称	缺省计量单位（浓度）	缺省数据类型（数据修约）
1	w01010	水温	℃	N3.1
2	w01001	pH	无量纲	N3.2
3	w01009	溶解氧	mg/L	N3.2
4	w01003	浑浊度	NTU	N3.2
5	w01014	电导率	μS/cm	N3.2
6	w01019	高锰酸盐指数	mg/L	N3.1
7	w01018	化学需氧量（COD）	mg/L	N3
8	w01017	五日生化需氧量（BOD_5）	mg/L	N3.1
9	w21003	氨氮（NH_3-N）	mg/L	N3.2
10	w21011	总磷（以 P 计）	mg/L	N3.2
11	w21001	总氮（湖、库以 N 计）	mg/L	N3.2
12	w20122	铜	mg/L	N3.5
13	w20123	锌	mg/L	N3.4
14	w21017	氟化物（以 F^-计）	mg/L	N3.3
15	w20128	硒	mg/L	N3.4
16	w20141	砷	mg/L	N3.4
17	w20111	汞	mg/L	N3.5
18	w20115	镉	mg/L	N3.5
19	w20116	铬	mg/L	N3.3
20	w20117	六价铬	mg/L	N3.3
21	w20120	铅	mg/L	N3.5
22	w21016	氰化物	mg/L	N3.3
23	w23002	挥发酚	mg/L	N3.4
24	w22001	石油类	mg/L	N3.2
25	w19002	阴离子表面活性剂	mg/L	N3.2
26	w21019	硫化物	mg/L	N3.3

序号	编码	中文名称	缺省计量单位（浓度）	缺省数据类型（数据修约）
27	w02003	粪大肠菌群	个/L	N9
28	w21038	硫酸盐（以 SO_4^{2-}计）	mg/L	N3.2
29	w21022	氯化物（以 Cl 计）	mg/L	N3.2
30	w21007	硝酸盐（以 N 计）	mg/L	N3.2
31	w20125	铁	mg/L	N3.2
32	w20124	锰	mg/L	N3.2
33	w24004	三氯甲烷	mg/L	N3.4
34	w24005	四氯化碳（四氯甲烷）	mg/L	N3.5
35	w24009	三溴甲烷	mg/L	N3.3
36	w24003	二氯甲烷	mg/L	N3.4
37	w24017	1,2-二氯乙烷	mg/L	N3.4
38	w24024	环氧氯丙烷	mg/L	N3.2
39	w24046	氯乙烯	mg/L	N3.3
40	w24047	1,1-二氯乙烯	mg/L	N3.6
41	w24048	1,2-二氯乙烯	mg/L	N3.6
42	w24049	三氯乙烯	mg/L	N3.4
43	w24050	四氯乙烯	mg/L	N3.4
44	w24062	氯丁二烯	mg/L	N3.3
45	w24064	六氯丁二烯	mg/L	N3.5
46	w25038	苯乙烯	mg/L	N3.2
47	w31001	甲醛	mg/L	N3.2
48	w31002	乙醛	mg/L	N3.2
49	w31004	丙烯醛	mg/L	N3.3
50	w31003	三氯乙醛	mg/L	N3.3
51	w25002	苯	mg/L	N3.5
52	w25003	甲苯	mg/L	N3.3
53	w25004	乙苯	mg/L	N3.3
54	w25005	二甲苯①	mg/L	N3.3
55	w25034	异丙苯	mg/L	N3.4
56	w25010	氯苯	mg/L	N3.2
57	w25011	1,2-二氯苯	mg/L	N3.3
58	w25013	1,4-二氯苯	mg/L	N3.3
59	w25014	三氯苯②	mg/L	N3.5
60	w25016	四氯苯③	mg/L	N3.5
61	w25019	六氯苯	mg/L	N3.5
62	w25023	硝基苯	mg/L	N3.4
63	w25027	二硝基苯④	mg/L	N3.1
64	w25030	2,4-二硝基甲苯	mg/L	N3.4
65	w25032	2,4,6-三硝基甲苯	mg/L	N3.1
66	w25020	硝基氯苯⑤	mg/L	N3.4

序号	编码	中文名称	缺省计量单位（浓度）	缺省数据类型（数据修约）
67	w25022	2,4-二硝基氯苯	mg/L	N3.1
68	w23020	2,4-二氯苯酚	mg/L	N3.4
69	w23022	2,4,6-三氯苯酚	mg/L	N3.5
70	w23025	五氯酚	mg/L	N3.6
71	w26001	苯胺	mg/L	N3.3
72	w26002	联苯胺	mg/L	N3.4
73	w26048	丙烯酰胺	mg/L	N3.5
74	w99010	丙烯腈	mg/L	N3.2
75	w29002	邻苯二甲酸二丁酯	mg/L	N3.4
76	w29004	邻苯二甲酸二（2-乙基己基）酯	mg/L	N3.4
77	w21009	水合肼	mg/L	N3.3
78	w20047	四乙基铅	mg/L	N3.4
79	w25052	吡啶	mg/L	N3.3
80	w22007	松节油	mg/L	N3.2
81	w23036	苦味酸	mg/L	N3.3
82	w32003	丁基黄原酸	mg/L	N3.3
83	w21023	活性氯	mg/L	N3.3
84	w33007	滴滴涕	mg/L	N3.4
85	w33005	林丹	mg/L	N3.6
86	w99003	环氧七氯	mg/L	N3.6
87	w33020	对硫磷	mg/L	N3.5
88	w33021	甲基对硫磷	mg/L	N3.5
89	w33022	马拉硫磷	mg/L	N3.5
90	w33019	乐果	mg/L	N3.5
91	w33010	敌敌畏	mg/L	N3.5
92	w33011	敌百虫	mg/L	N3.6
93	w33025	内吸磷	mg/L	N3.4
94	w33012	百菌清	mg/L	N3.4
95	w33047	甲萘威	mg/L	N3.2
96	w33052	溴氰菊酯	mg/L	N3.4
97	w33029	阿特拉津	mg/L	
98	w25043	苯并[*a*]芘	mg/L	N3.6
99	w20136	甲基汞	mg/L	N3.8
100	w27001	多氯联苯⑥	mg/L	
101	w99004	微囊藻毒素—LR	mg/L	N3.5
102	w21013	黄磷	mg/L	N3.4
103	w20061	钼	mg/L	N3.5
104	w20038	钴	mg/L	N3.5
105	w20127	铍	mg/L	N3.5
106	w20023	硼	mg/L	N3.2

序号	编码	中文名称	缺省计量单位（浓度）	缺省数据类型（数据修约）
107	w20004	锑	mg/L	N3.5
108	w20121	镍	mg/L	N3.5
109	w20012	钡	mg/L	N3.5
110	w20101	钒	mg/L	N3.5
111	w20095	钛	mg/L	N3.4
112	w20089	铊	mg/L	N3.6
113	w01020	总有机碳（TOC）	mg/L	N3.2
114	w01022	蓝绿藻	mg/L	N3.2
115	w01016	叶绿素 a	μg/L	N9
116	w19011	藻密度	万个/L	N9
117	w02004	总大肠菌群	个/L	N9
118	w02005	耐热大肠菌群	个/L	N9
119	w02006	细菌总数	个/L	N9
120	w02007	大肠埃希氏菌	个/L	N9
121	w01006	溶解性总固体	mg/L	N4
122	w21006	亚硝酸盐	mg/L	N2.3
123	w21015	（正）磷酸盐	mg/L	N3.3
124	w01023	综合生物毒性（发光菌）	%	N3.3
125	w01024	综合生物毒性（鱼法）	%	N3.3
126	w25073	对,间-二甲苯	mg/L	N3.3

注：①二甲苯：指对-二甲苯、间-二甲苯、邻-二甲苯。

②三氯苯：指 1,2,3-三氯苯、1,2,4-三氯苯、1,3,5-三氯苯。

③四氯苯：指 1,2,3,4-四氯苯、1,2,3,5-四氯苯、1,2,4,5-四氯苯。

④二硝基苯：指对-二硝基苯、间-二硝基苯、邻-二硝基苯。

⑤硝基氯苯：指对-硝基氯苯、间-硝基氯苯、邻-硝基氯苯。

⑥多氯联苯：指 PCB-1016、PCB-1221、PCB-1232、PCB-1242、PCB-1248、PCB-1254、PCB-1260。

表 A-2 环境监测指标编码表（可扩展）

编码	中文名称	缺省计量单位（浓度）	缺省数据类型
e01001	温度	℃	N3.2
e01002	湿度	%	N3.2
e01003	电压（市电）	V	N3.2
e01004	电压（系统）	V	N3.2
e01005	水压 1（源水压）	P	N3.3
e01006	水压 2（出口）	P	N3.3
e01007	水压 3	P	N3.3
e01008	水压 4	P	N3.3
e01101	经度	度	—
e01102	纬度	度	—
e01201	水位	m	N3.2

编码	中文名称	缺省计量单位（浓度）	缺省数据类型
e01202	流速	m/s	N3.2
e01203	瞬时流量	m^3/s	N6.2
e01204	累积流量	m^3	N6.2
e01301	风速	m/s	N3.2
e01302	风向	方位	N3.2
e01303	降雨量	mm	N3.2

表 A-3 现场端设备分类编码表

序号	类别	代码
1	在线监控（监测）仪器仪表	1
2	数据采集传输仪	2
3	辅助设备	3
4	预留扩展	4～5

表 A-4 现场端信息分类编码表

序号	类别	代码
1	日志	1
2	状态	2
3	参数	3
4	预留扩展	4～5

2. 现场端信息编码表

表 A-5 现场端信息编码表（可扩展）

序号	编码	中文名称	缺省计量单位	缺省数据类型	描述
在线监控（监测）仪器仪表（日志）					
1	i11001	运行日志	—	C890	日志信息在“//”之间，使用GB2312编码
在线监控（监测）仪器仪表（状态）					
1	i12001	工作状态	无量纲	N2	空闲（0）、水样测试（1）、标样核查（2）、零点核查（3）、跨度核查（4）、空白测试（5）、平行样测试(6)、加标回收(7)、空白校准（8）、标样校准（9）、初始化（10）、停止测试（11）
2	i12002	分析仪与数采仪通信状态	无量纲	N1	正常（0）、异常（1）

序号	编码	中文名称	缺省计量单位	缺省数据类型	描述
3	i12003	反应试剂余量	%		百分比数值，最少试剂余量值
4	i12031	分析仪报警状态	无量纲	N2	无告警（0）、缺试剂告警（1）、缺水样告警（2）、缺蒸馏水告警（3）、缺标液告警（4）、仪表漏液告警（5）、标定异常告警（6）、超量程告警（7）、加热异常（8）、低试剂预警（9）、超上限告警（10）、超下限告警（11）、仪表内部其他异常（12）、滴定异常告警（13）、电极异常告警（14）、量程切换告警（15）、参数设置告警（16）、pH 电极电位异常（17）、电导率电极异常（18）、浊度光度异常（19）、溶解氧电极异常（20）、溶解氧光强异常（21）
在线监控（监测）仪器仪表（参数）					
1	i13001	测量量程	—	—	单位、数据类型根据实际自定义，氨氮、总磷、化学需氧量均用
2	i13002	测量精度	—	—	单位、数据类型根据实际自定义，氨氮、总磷、化学需氧量均用，测量小数位
3	i13003	测量间隔	min	N4	氨氮、总磷、化学需氧量均用，水样测试时间周期
4	i13004	消解温度	℃	N3.1	
5	i13005	消解时长	min	N2	
6	i13006	空白校准时间	年月日时分秒	YYYYMMDDHHMMSS	最近一次空白校准时间
7	i13007	曲线截距	—	—	单位、数据类型根据实际自定义
8	i13008	曲线斜率	—	—	单位、数据类型根据实际自定义
9	i13009	测量检出限	—	—	单位、数据类型根据实际自定义
10	i13010	测量信号值			测量电压值、电流值、滴定值、吸光度或者保留时间
11	i13011	线性相关系数（R^2）			
12	i13012	二次多项式系数			（根据集成商扩展）
13	i13013	标准样校准时间	年月日时分秒	YYYYMMDDHHMMSS	最近一次标准样校准时间

序号	编码	中文名称	缺省计量单位	缺省数据类型	描述
数据采集传输仪（日志）					
1	i21001	运行日志	—	C890	日志信息在“//”之间，使用GB2312 编码
数据采集传输仪（状态）					
1	i22001	工作状态	无量纲	N1	运行（0）、停机（1）、故障（2）、维护（3）
2	i22002	用户状态	无量纲	N1	普通用户（0）、管理员（1）、维护人员（2）
3	i22003	数采仪与上位机通信状态	无量纲	N1	正常（0）、异常（1）

3. 循环冗余校验（CRC）算法

CRC 校验（Cyclic Redundancy Check）是一种数据传输错误检查方法。本协议采用 ANSI CRC16，简称 CRC16。

CRC16 码由传输设备计算后加入到数据包中。接收设备重新计算接收数据包的 CRC16 码，并与接收到的 CRC16 码比较，如果两值不同，则有误。

CRC16 校验字节的生成步骤如下：

（1）CRC16 校验寄存器赋值为 0xFFFF；

（2）取被校验串的第一个字节赋值给临时寄存器；

（3）临时寄存器与 CRC16 校验寄存器的高位字节进行“异或”运算，赋值给 CRC16 校验寄存器；

（4）取 CRC16 校验寄存器最后一位赋值给检测寄存器；

（5）把 CRC16 校验寄存器右移一位；

（6）若检测寄存器值为 1，CRC16 校验寄存器与多项式 0xA001 进行“异或”运算，赋值给 CRC16 校验寄存器；

（7）重复步骤 4～6，直至移出 8 位；

（8）取被校验串的下一个字节赋值给临时寄存器；

（9）重复步骤 3～8，直至被校验串的所有字节均被校验；

（10）返回 CRC16 校验寄存器的值。

校验码按照先高字节后低字节的顺序存放。CRC 校验算法示例：

函数：CRC16_Checkout

描述：CRC16 循环冗余校验算法。

参数一：*puchMsg：需要校验的字符串指针

参数二：usDataLen：需要校验的字符串长度

返回值：返回 CRC16 校验码

```
unsigned int CRC16_Checkout（unsigned char *puchMsg，unsigned int usDataLen）
{
    unsigned int i，j，crc_reg，check；
    crc_reg = 0xFFFF；
    for（i=0；i<usDataLen；i++）{
        crc_reg =（crc_reg>>8） ^ puchMsg[i]；
        for（j=0；j<8；j++）{
        check = crc_reg & 0x0001；
        crc_reg >>= 1；
        if（check==0x0001）{
            crc_reg ^= 0xA001；
        }
    }
  }
return crc_reg；
}
```

示例：

##0089QN=20160801085857223；ST=21；CN=1062；PW=123456；MN=A110000_0001；Flag=9；CP=&&RtdInterval=10&&3480\r\n，其中 3480 为 CRC16 校验码，是对数据段 QN=20160801085857223；ST=21；CN=1062；PW=123456；MN=A110000_0001；Flag=9；CP=&&RtdInterval=10&&进行 CRC16 校验所得的校验码。

附录 B
（资料性附录）

1. 通信命令示例和拆分包及应答机制示例

附录 B 示例中 QN=20160801085857223 表示在 2016 年 8 月 1 日 8 时 58 分 57 秒 223 毫秒触发一个命令请求，ST=21 表示系统类型为地表水质量监测，MN=A110000_0001 表示设备唯一标识，PW=123456 表示设备访问密码。

1.1 通信命令示例

表 B-1 心跳包命令（9015）

类别	项目		示例/说明
使用命令	现场机	发送心跳	QN=20160801085857223；ST=21；CN=9015；PW=123456；MN=A110000_0001；Flag=9；CP=&&&&
	上位机	返回数据应答	QN=20160801085857223；ST=91；CN=9014；PW=123456；MN=A110000_0001；CP=&&QnRtn=1&&
说明	①按 5 min 间隔报送到上位机； ②心跳包 Flag=8，上位机则不应答		

表 B-2 设置超时时间及重发次数（1000）

类别	项目		示例/说明
使用命令	上位机	发送“设置超时时间及重发次数”	QN=20160801085857223；ST=21；CN=1000；PW=123456；MN=A110000_0001；Flag=9；CP=&&OverTime=5；ReCount=3&&
	数采仪	返回请求应答	QN=20160801085857223；ST=91；CN=9011；PW=123456；MN=A110000_0001；Flag=8；CP=&&QnRtn=1&&
	数采仪	返回执行结果	QN=20160801085857223；ST=91；CN=9012；PW=123456；MN=A110000_0001；Flag=8；CP=&&ExeRtn=1&&
使用字段	Overtime		超时时间，单位为 s
	ReCount		重发次数
	QnRtn		请求应答结果
	ExeRtn		请求执行结果
执行过程	①上位机发送“设置超时时间及重发次数”请求命令，等待数采仪回应； ②数采仪接收“设置超时时间及重发次数”请求命令，回应“请求应答”； ③上位机接收“请求应答”，根据请求应答标志 QnRtn 的值决定是否等待数采仪执行结果； ④数采仪执行“设置超时时间及重发次数”请求命令，返回“执行结果”； ⑤上位机接收“执行结果”，根据执行结果标志 ExeRtn 的值判断请求是否完成，请求执行完毕		

表 B-3 提取监测仪表时间（1011）

类别	项目		示例/说明
使用命令	上位机	发送“提取监测仪表时间”	QN=20160801085857223；ST=21；CN=1011；PW=123456；MN=A110000_0001；Flag=9；CP=&&PolId=w01018&&
	数采仪	返回请求应答	QN=20160801085857223；ST=91；CN=9011；PW=123456；MN=A110000_0001；Flag=8；CP=&&QnRtn=1&&
	数采仪	发送“提取监测仪表时间”响应	QN=20160801085857223；ST=21；CN=1011；PW=123456；MN=A110000_0001 ；Flag=8 ；CP=&&PolId=w01018 ；SystemTime=20160801085857&&
	数采仪	返回执行结果	QN=20160801085857223；ST=91；CN=9012；PW=123456；MN=A110000_0001；Flag=8；CP=&&ExeRtn=1&&
使用字段	PolId		在线监控（监测）仪器仪表对应监测指标编码
	SystemTime		监测仪表时间
	QnRtn		请求应答结果
	ExeRtn		请求执行结果
执行过程	①上位机发送“提取监测仪表时间”请求命令，等待数采仪回应； ②数采仪接收“提取监测仪表时间”请求命令，回应“请求应答”； ③上位机接收“请求应答”，根据请求应答标志 QnRtn 的值决定是否等待数采仪响应命令； ④数采仪执行“提取监测仪表时间”请求命令，发送“提取监测仪表时间”响应命令； ⑤上位机接收“提取监测仪表时间”响应命令并执行，等待数采仪执行结果； ⑥数采仪返回“执行结果”； ⑦上位机接收“执行结果”，根据执行结果标志 ExeRtn 的值判断请求是否完成，请求执行完毕。 示例中返回的系统时间 20160801085857 表示 2016 年 8 月 1 日 8 时 58 分 57 秒提取监测仪表时间时，数据区中如果含有监测指标编码则表示上位机提取对应监测指标编码的监测仪表的时间			

表 B-4 设置监测仪表时间（1012）

类别	项目		示例/说明
使用命令	上位机	发送“设置监测仪表时间”	QN=20160801085857223；ST=21；CN=1012；PW=123456；MN=A110000_0001；Flag=9；CP=&&PolId=w01018；SystemTime=20160801085857&&
	数采仪	返回请求应答	QN=20160801085857223；ST=91；CN=9011；PW=123456；MN=A110000_0001；Flag=8；CP=&&QnRtn=1&&
	数采仪	返回执行结果	QN=20160801085857223；ST=91；CN=9012；PW=123456；MN=A110000_0001；Flag=8；CP=&&ExeRtn=1&&
使用字段	PolId		在线监控（监测）仪器仪表对应监测指标编码
	SystemTime		上位机系统时间
	QnRtn		请求应答结果
	ExeRtn		请求执行结果

类别	项目	示例/说明
执行过程	①上位机发送“设置监测仪表时间”请求命令，等待数采仪回应； ②数采仪接收“设置监测仪表时间”请求命令，回应“请求应答”； ③上位机接收“请求应答”，根据请求应答标志 QnRtn 的值决定是否等待数采仪执行结果； ④数采仪执行“设置监测仪表时间”请求命令，返回“执行结果”； ⑤上位机接收“执行结果”，根据执行结果标志 ExeRtn 的值判断请求是否完成，请求执行完毕。 设置监测仪表时间时，数据区中如果含有监测指标编码则表示上位机设置对应监测指标编码的在线监控（监测）仪器仪表的时间	
说明	必需在待机状态下远程才可以执行该反控命令	

表 B-5　提取数采仪时间（1014）

类别	项目		示例/说明
使用命令	上位机	发送“提取数采仪时间”	QN=20160801085857223；ST=21；CN=1014；PW=123456；MN=A110000_0001；Flag=9；CP=&&&&
	数采仪	返回请求应答	QN=20160801085857223；ST=91；CN=9011；PW=123456；MN=A110000_0001；Flag=8；CP=&&QnRtn=1&&
	数采仪	发送“提取数采仪时间”响应	QN=20160801085857223；ST=21；CN=1014；PW=123456；MN=A110000_0001；Flag=8；CP=&&SystemTime=20160801085857&&
	数采仪	返回执行结果	QN=20160801085857223；ST=91；CN=9012；PW=123456；MN=A110000_0001；Flag=8；CP=&&ExeRtn=1&&
使用字段	SystemTime		现场数采仪系统时间
	QnRtn		请求应答结果
	ExeRtn		请求执行结果
执行过程	①上位机发送“提取现场数采仪时间”请求命令，等待现场数采仪回应； ②现场数采仪接收“提取现场数采仪时间”请求命令，回应“请求应答”； ③上位机接收“请求应答”，根据请求应答标志 QnRtn 的值决定是否等待现场数采仪响应命令； ④数采仪执行“提取现场数采仪时间”请求命令，发送“提取现场数采仪时间”响应命令； ⑤上位机接收“提取现场数采仪时间”响应命令并执行，等待现场数采仪执行结果； ⑥现场数采仪返回“执行结果”； ⑦上位机接收“执行结果”，根据执行结果标志 ExeRtn 的值判断请求是否完成，请求执行完毕； ⑧现场数采仪可以是分体式工控机、一体嵌入式工控机，也可以是 RTU 或 ADAM5510 等数据采集控制单元。 示例中返回的数采仪系统时间 20160801085857 表示 2016 年 8 月 1 日 8 时 58 分 57 秒提取现场数采仪时间		

表 B-6 设置数采仪时间（1015）

<table>
<tr><td>类别</td><td colspan="2">项目</td><td>示例/说明</td></tr>
<tr><td rowspan="6">使用命令</td><td>上位机</td><td>发送“设置现场数采仪时间”</td><td>QN=20160801085857223；ST=21；CN=1015；PW=123456；MN=A110000_0001；Flag=9；CP=&&SystemTime=20160801085857&&</td></tr>
<tr><td>数采仪</td><td>返回请求应答</td><td>QN=20160801085857223；ST=91；CN=9011；PW=123456；MN=A110000_0001；Flag=8；CP=&&QnRtn=1&&</td></tr>
<tr><td>数采仪</td><td>返回执行结果</td><td>QN=20160801085857223；ST=91；CN=9012；PW=123456；MN=A110000_0001；Flag=8；CP=&&ExeRtn=1&&</td></tr>
<tr><td colspan="2">SystemTime</td><td>上位机系统时间</td></tr>
<tr><td colspan="2">QnRtn</td><td>请求应答结果</td></tr>
<tr><td colspan="2">ExeRtn</td><td>请求执行结果</td></tr>
<tr><td>执行过程</td><td colspan="3">①上位机发送“设置现场数采仪时间”请求命令，等待现场数采仪回应；
②现场数采仪接收“设置现场数采仪时间”请求命令，回应“请求应答”；
③上位机接收“请求应答”，根据请求应答标志 QnRtn 的值决定是否等待现场数采仪执行结果；
④现场数采仪执行“设置现场数采仪时间”请求命令，返回“执行结果”；
⑤上位机接收“执行结果”，根据执行结果标志 ExeRtn 的值判断请求是否完成，请求执行完毕</td></tr>
<tr><td>说明</td><td colspan="3">必须在待机状态下远程才可以执行该反控命令</td></tr>
</table>

表 B-7 提取实时数据间隔（1061）

<table>
<tr><td>类别</td><td colspan="2">项目</td><td>示例/说明</td></tr>
<tr><td rowspan="4">使用命令</td><td>上位机</td><td>发送“提取实时数据间隔”</td><td>QN=20160801085857223；ST=21；CN=1061；PW=123456；MN=A110000_0001；Flag=9；CP=&&&&</td></tr>
<tr><td>数采仪</td><td>返回请求应答</td><td>QN=20160801085857223；ST=91；CN=9011；PW=123456；MN=A110000_0001；Flag=8；CP=&&QnRtn=1&&</td></tr>
<tr><td>数采仪</td><td>发送“提取实时数据间隔”响应</td><td>QN=20160801085857223；ST=21；CN=1061；PW=123456；MN=A110000_0001；Flag=8；CP=&&RtdInterval=10&&</td></tr>
<tr><td>数采仪</td><td>返回执行结果</td><td>QN=20160801085857223；ST=91；CN=9012；PW=123456；MN=A110000_0001；Flag=8；CP=&&ExeRtn=1&&</td></tr>
<tr><td rowspan="3">使用字段</td><td colspan="2">RtdInterval</td><td>实时数据间隔（单位为 min）</td></tr>
<tr><td colspan="2">QnRtn</td><td>请求应答结果</td></tr>
<tr><td colspan="2">ExeRtn</td><td>请求执行结果</td></tr>
<tr><td>执行过程</td><td colspan="3">①上位机发送“提取实时数据间隔”请求命令，等待数采仪回应；
②数采仪接收“提取实时数据间隔”请求命令，回应“请求应答”；
③上位机接收“请求应答”，根据请求应答标志 QnRtn 的值决定是否等待数采仪响应命令；
④数采仪执行“提取实时数据间隔”请求命令，发送“提取实时数据间隔”响应命令；
⑤上位机接收“提取实时数据间隔”响应命令并执行，等待数采仪执行结果；
⑥数采仪返回“执行结果”；
⑦上位机接收“执行结果”，根据执行结果标志 ExeRtn 的值判断请求是否完成，请求执行完毕。
建议实时数据上传间隔 10 min/次，实时数据上传间隔根据实时业务需求灵活可配置</td></tr>
</table>

表 B-8 设置实时数据间隔（1062）

类别	项目		示例/说明
使用命令	上位机	发送“设置实时数据间隔”	QN=20160801085857223；ST=21；CN=1062；PW=123456；MN=A110000_0001；Flag=9；CP=&&RtdInterval=10&&
	数采仪	返回请求应答	QN=20160801085857223；ST=91；CN=9011；PW=123456；MN=A110000_0001；Flag=8；CP=&&QnRtn=1&&
	数采仪	发送“提取实时数据间隔”响应	QN=20160801085857223；ST=91；CN=9012；PW=123456；MN=A110000_0001；Flag=8；CP=&&ExeRtn=1&&
使用字段	RtdInterval		实时数据间隔（单位为 min）
	QnRtn		请求应答结果
	ExeRtn		请求执行结果
执行过程	①上位机发送“设置实时数据间隔”请求命令，等待数采仪回应； ②数采仪接收“设置实时数据间隔”请求命令，回应“请求应答”； ③上位机接收“请求应答”，根据请求应答标志 QnRtn 的值决定是否等待数采仪执行结果； ④数采仪执行“设置实时数据间隔”请求命令，返回“执行结果”； ⑤上位机接收“执行结果”，根据执行结果标志 ExeRtn 的值判断请求是否完成，请求执行完毕。 建议实时数据上传间隔 10 min/次，实时数据上传间隔根据实时业务需求灵活可配置		

表 B-9 设置数采仪密码（1072）

类别	项目		示例/说明
使用命令	上位机	发送“设置数采仪访问密码”请求	QN=20160801085857223；ST=21；CN=1072；PW=123456；MN=A110000_0001；Flag=9；CP=&&NewPW=654321&&
	数采仪	返回请求应答	QN=20160801085857223；ST=91；CN=9011；PW=123456；MN=A110000_0001；Flag=8；CP=&&QnRtn=1&&
	数采仪	返回执行结果	QN=20160801085857223；ST=91；CN=9012；PW=123456；MN=A110000_0001；Flag=8；CP=&&ExeRtn=1&&
使用字段	NewPW		新的数采仪访问密码
	QnRtn		请求应答结果
	ExeRtn		请求执行结果
执行过程	①上位机发送“设置现场数采仪访问密码”请求命令，等待现场数采仪回应； ②现场数采仪接收“设置现场数采仪访问密码”请求命令，回应“请求应答”； ③上位机接收“请求应答”，根据请求应答标志 QnRtn 的值决定是否等待现场数采仪执行结果； ④现场数采仪执行“设置现场数采仪访问密码”请求命令，返回“执行结果”； ⑤上位机接收“执行结果”，根据执行结果标志 ExeRtn 的值判断请求是否完成，请求执行完毕； ⑥现场数采仪可以是分体式工控机、一体嵌入式工控机，也可以是 RTU 或 ADAM5510 等数据采集控制单元		
说明	设置数采仪访问密码为数采仪最高权限级别密码		

表 B-10　上传监测指标实时数据（2011）

类别	项目		示例/说明
使用命令	数采仪	上传监测指标实时数据	QN=20160801085857223；ST=21；CN=2011；PW=123456；MN=A110000_0001；Flag=9；CP=&&DataTime= 20160801085800；w01001-Rtd=63.0，w01001-Flag=N；w01003-Rtd=63.0，w01003-Flag=N；w01009-Rtd=63.0，w01009-Flag=N；w01010-Rtd=63.0，w01010-Flag=N；…&&
	上位机	返回数据应答	QN=20160801085857223；ST=91；CN=9014；PW=123456；MN=A110000_0001；Flag=8；CP=&&&&
使用字段	DataTime		数据时间，表示一个时间点，时间精确到分钟，按照设置的实时数据间隔（单位为 min）传输。20160801085800 表示上传数据为 2016 年 8 月 1 日 8 时 58 分的监测指标实时数据
	xxx-Rtd		监测指标 w01001 实时数据
	xxx-Flag		监测指标 w01001 实时数据标记
执行过程	①数采仪以上传监测指标实时数据间隔为周期发送“监测指标实时数据”； ②上位机接收“上传监测指标实时数据”命令并执行，根据标志 Flag 的值决定是否返回“数据应答”； ③如果“上传监测指标实时数据”命令需要数据应答，数采仪接收“数据应答”，请求执行完毕		

表 B-11　提取监测指标实时数据（2011）

类别	项目		示例/说明
使用命令	上位机	发送“提取监测指标实时数据”请求	QN=20160801085857223；ST=21；CN=2011；PW=123456；MN=A110000_0001；Flag=9；CP=&&BeginTime=20160801080000；EndTime=20160801180000&&
	数采仪	返回请求应答	QN=20160801085857223；ST=91；CN=9011；PW=123456；MN=A110000_0001；Flag=8；CP=&&QnRtn=1&&
	数采仪	上传监测指标实时数据	QN=20160801085857223；ST=21；CN=2011；PW=123456；MN=A110000_0001；Flag=9；CP=&&DataTime=20160801085800；w01001-Rtd=63.0，w01001-Flag=N；w01003-Rtd=63.0，w01003-Flag=N；w01009-Rtd=63.0，w01009-Flag=N；w01010-Rtd=63.0，w01010-Flag=N；…&&
	数采仪	返回执行结果	QN=20160801085857223；ST=91；CN=9012；PW=123456；MN=A110000_0001；Flag=8；CP=&&ExeRtn=1&&
使用字段	DataTime		数据时间，表示一个时间点，时间精确到分钟。20160801085800 表示上传数据为 2016 年 8 月 1 日 8 时 58 分的监测指标实时数据
	BeginTime		历史请求的起始时间，精确到分钟
	EndTime		历史请求的截止时间，精确到分钟
	xxx-Rtd		监测指标 w01003、w01009、w01010 实时数据
	xxx-Flag		监测指标 w01003、w01009、w01010 实时数据标记
	QnRtn		请求应答结果
	ExeRtn		请求执行结果

类别	项目	示例/说明
执行过程	①上位机发送“取监测指标实时数据”请求命令，等待数采仪回应； ②数采仪接收“取监测指标实时数据”请求命令，回应“请求应答”； ③上位机接收“请求应答”，根据请求应答标志 QnRtn 的值决定是否等待数采仪执行结果； ④数采仪执行“取监测指标实时数据”请求命令，返回“执行结果”； ⑤上位机接收“执行结果”，根据执行结果标志 ExeRtn 的值判断请求是否完成，请求执行完毕	

表 B-12 上传监测指标小时数据（2061）

类别	项目		示例/说明
使用命令	数采仪	上传监测指标小时数据	QN=20160801090000001；ST=21；CN=2061；PW=123456；MN=A110000_0001；Flag=9；CP=&&DataTime=20160801080000；w01001-Avg=7.5，w01001-Flag=N；w01018-Avg=40.1，w01018-Flag=N；…&&
	上位机	返回数据应答	QN=20160801090000001；ST=91；CN=9014；PW=123456；MN=A110000_0001；Flag=8；CP=&&&&
使用字段	DataTime		数据时间，表示一个时间点，时间精确到小时，按照设置的小时数据间隔（单位为 h）传输。20160801080000 表示上传数据为 2016 年 8 月 1 日 8 时的监测指标小时数据
	xxx-Avg		监测指标 w01001、w01018 的小时平均值
	xxx-Flag		监测指标 w01001、w01018 h 数据标记
	QnRtn		请求应答结果
	ExeRtn		请求执行结果
执行过程	①数采仪以小时为周期发送“上报监测指标小时数据”命令； ②上位机接收“上报监测指标小时数据”命令并执行，根据标志 Flag 的值决定是否返回“数据应答”； ③如果“上报监测指标小时数据”命令需要数据应答，数采仪接收“数据应答”，请求执行完毕		
说明	监测指标小时数据标记取值使用如下规则：如果监测指标数据在 4 h 测量周期内出现一个异常值，则监测指标小时数据标记为异常，否则监测指标小时数据标记为正常		

表 B-13 提取监测指标小时数据（2061）

类别	项目		示例/说明
使用命令	上位机	发送“提取监测指标小时历史数据”请求	QN=20160801085857223；ST=21；CN=2061；PW=123456；MN=A110000_0001；Flag=9；CP=&&BeginTime=20160801080000；EndTime=20160801080000&&
	数采仪	返回请求应答	QN=20160801085857223；ST=91；CN=9011；PW=123456；MN=A110000_0001；Flag=8；CP=&&QnRtn=1&&
	数采仪	上传监测指标小时数据	QN=20160801085857223；ST=21；CN=2061；PW=123456；MN=A110000_0001；Flag=8；CP=&&DataTime=20160801080000；w01001-Avg=7.5，w01001-Flag=N；w01018-Avg=40.1，w01018-Flag=N；…&&
	数采仪	返回执行结果	QN=20160801085857223；ST=91；CN=9012；PW=123456；MN=220582；Flag=8；CP=&&ExeRtn=1&&

类别	项目	示例/说明
使用字段	DataTime	数据时间，表示一个时间点，时间精确到小时，按照设置的小时数据间隔（单位为 h）传输。20160801080000 表示上传数据为 2016 年 8 月 1 日 8 时的监测指标小时数据
	BeginTime	历史请求的起始时间，精确到分钟
	EndTime	历史请求的截止时间，精确到分钟
	xxx-Avg	监测指标 w01001、w01018 的小时平均值
	xxx-Flag	监测指标 w01001、w01018 的小时数据标记
执行过程	①上位机发送“取监测指标小时历史数据”请求命令，等待数采仪回应； ②数采仪接收“取监测指标小时历史数据”请求命令，回应“请求应答”； ③上位机接收“请求应答”，根据请求应答标志 QnRtn 的值决定是否等待数采仪历史数据上报； ④数采仪执行“取监测指标小时历史数据”请求命令； ⑤数采仪依次上报请求时间段内监测指标小时数据； ⑥上位机接收“上传监测指标小时数据”命令并执行，等待数采仪执行结果； ⑦数采仪返回“执行结果”； ⑧上位机接收“执行结果”，根据执行结果标志 ExeRtn 的值判断请求是否完成，请求执行完毕	

表 B-14 上传监测指标核查数据（2062）

类别	项目		示例/说明
使用命令	数采仪	上传监测指标核查数据	QN=20160801090000001；ST=21；CN=2062；PW=123456；MN=A110000_0001；Flag=9；CP=&&DataTime=20160801080000；w01001-Check=63.0，w01001-StandardValue=60，w01001-Flag=N；w01003-Check=43.0，w01003-StandardValue=40，w01003-Flag=N；w01009-Check=13.0，w01009-StandardValue=10，w01009-Flag=N；…&&
	上位机	返回数据应答	QN=20160801090000001；ST=91；CN=9014；PW=123456；MN=A110000_0001；Flag=8；CP=&&&&
使用字段	DataTime		数据时间，表示一个时间点，时间精确到分钟。20160801080000 表示上传数据为 2016 年 8 月 1 日 8 时的监测指标核查数据
	xxx-Check		监测指标 w01001、w01003、w01009 核查数据
	xxx-StandardValue		监测指标 w01001、w01003、w01009 标样标准浓度
	xxx-Flag		监测指标 w01001、w01003、w01009 查核数据标记
	QnRtn		请求应答结果
	ExeRtn		请求执行结果
执行过程	①数采仪发送“上报监测指标核查数据”命令； ②上位机接收“上报监测指标核查数据”命令并执行，根据标志 Flag 的值决定是否返回“数据应答”； ③如果“上报监测指标核查数据”命令需要数据应答，数采仪接收“数据应答”，请求执行完毕		
说明	中心平台端应具备针对本次核查标准样浓度录入、编辑功能，盲样核查标准设置为 0，以便和该命令数据（仪表测量的核查数据）进行比对并计算相对误差等业务功能的实现		

表 B-15　提取监测指标核查数据（2062）

类别	项目		示例/说明
使用命令	上位机	发送“提取监测指标核查数据”请求	QN=20160801085857223；ST=21；CN=2062；PW=123456；MN=A110000_0001；Flag=9；CP=&&BeginTime=20160801080000；EndTime=20160801080000&&
	数采仪	返回请求应答	QN=20160801085857223；ST=91；CN=9011；PW=123456；MN=A110000_0001；Flag=8；CP=&&QnRtn=1&&
	数采仪	上传监测指标核查数据	QN=20160801085857223；ST=21；CN=2062；PW=123456；MN=A110000_0001；Flag=8；CP=&&DataTime=20160801080000；w01001-Check=63.0，w01001-StandardValue=60，w01001-Flag=N；w01003-Check=43.0，w01003-StandardValue=40，w01003-Flag=N；w01009-Check=13.0，w01009-StandardValue=10，w01009-Flag=N；…&&
	数采仪	返回执行结果	QN=20160801085857223；ST=91；CN=9012；PW=123456；MN=A110000_0001；Flag=8；CP=&&ExeRtn=1&&
使用字段	DataTime		数据时间，表示一个时间点，时间精确到分钟。20160801080000表示上传数据为 2016 年 8 月 1 日 8 时 00 分的监测指标核查数据
	BeginTime		历史请求的起始时间，精确到分钟
	EndTime		历史请求的截止时间，精确到分钟
	xxx-Check		监测指标 w01001、w01003、w01009 核查数据
	xxx-StandardValue		监测指标 w01001、w01003、w01009 标样标准浓度
	xxx-Flag		监测指标 w01001、w01003、w01009 核查数据标记
执行过程	①上位机发送“取监测指标查核历史数据”请求命令，等待数采仪回应； ②数采仪接收“取监测指标查核历史数据”请求命令，回应“请求应答”； ③上位机接收“请求应答”，根据请求应答标志 QnRtn 的值决定是否等待数采仪查核数据上报； ④数采仪执行“取监测指标查核历史数据”请求命令； ⑤数采仪依次上报请求时间段内监测指标查核数据； ⑥上位机接收“上传监测指标查核数据”命令并执行，等待数采仪执行结果； ⑦数采仪返回“执行结果”； ⑧上位机接收“执行结果”，根据执行结果标志 ExeRtn 的值判断请求是否完成，请求执行完毕		

表 B-16　上传监测指标加标回收数据（2063）

<table>
<tr><td>类别</td><td colspan="2">项目</td><td>示例/说明</td></tr>
<tr><td rowspan="2">使用命令</td><td>数采仪</td><td>上传监测指标加标回收数据</td><td>QN=20160801090000001；ST=21；CN=2063；PW=123456；MN=A110000_0001；Flag=9；CP=&&DataTime=20160801080000；w01001-Check=63.0，w01001-WaterTime=20160801080000，w01001-Water=45.23，w01001-Chroma=1000，w01001-Volume=0.2，w01001-DVolume=200，w01003-Flag=N；w01018-Check=63.0，w01018-WaterTime=20160801080000，w01018-Water=45.23，w01018-Chroma=1000，w01018-Volume=0.2，w01018-DVolume=200，w01018-Flag=N；…&&</td></tr>
<tr><td>上位机</td><td>返回数据应答</td><td>QN=20160801090000001；ST=91；CN=9014；PW=123456；MN=A110000_0001；Flag=8；CP=&&&&</td></tr>
<tr><td rowspan="10">使用字段</td><td colspan="2">DataTime</td><td>数据时间，表示一个时间点，时间精确到分钟。20160801080000 表示上传数据为2016 年8 月1 日8 时00分的监测指标加标回收数据</td></tr>
<tr><td colspan="2">xxx-WaterTime</td><td>加标前水样测试数据时间，该数据时间从在线分析仪表中读取并保持一致</td></tr>
<tr><td colspan="2">xxx-Water</td><td>监测指标 w01001、w01018 加标前水样测试值，单位为 mg/L</td></tr>
<tr><td colspan="2">xxx-Check</td><td>监测指标 w01001、w01018 加标回收数据，单位为 mg/L</td></tr>
<tr><td colspan="2">xxx-Chroma</td><td>监测指标 w01001、w01018 加标母液浓度，单位为 mg/L</td></tr>
<tr><td colspan="2">xxx-Volume</td><td>监测指标 w01001、w01018 加标体积，单位为 ml</td></tr>
<tr><td colspan="2">xxx-DVolume</td><td>监测指标 w01001、w01018 加标水杯定容体积，单位为 ml</td></tr>
<tr><td colspan="2">xxx-Flag</td><td>监测指标 w01001、w01018 加标回收数据标记</td></tr>
<tr><td colspan="2">QnRtn</td><td>请求应答结果</td></tr>
<tr><td colspan="2">ExeRtn</td><td>请求执行结果</td></tr>
<tr><td>执行过程</td><td colspan="3">①数采仪发送“上报监测指标加标回收数据”命令；
②上位机接收“上报监测指标加标回收数据”命令并执行，根据标志 Flag 的值决定是否返回“数据应答”；
③如果“上报监测指标加标回收数据”命令需要数据应答，数采仪接收“数据应答”，请求执行完毕</td></tr>
<tr><td>说明</td><td colspan="3">中心平台端应具备针对本次加标回收所涉及的相关参数（加标母液浓度 mg/L；加标体积 ml；加标水杯定容体积 ml）的录入功能，以便平台计算加标回收率等业务功能的实现</td></tr>
</table>

表 B-17　提取监测指标加标回收数据（2063）

<table>
<tr><th>类别</th><th colspan="2">项目</th><th>示例/说明</th></tr>
<tr><td rowspan="4">使用命令</td><td>上位机</td><td>发送“提取监测指标加标回收数据”请求</td><td>QN=20160801085857223；ST=21；CN=2063；PW=123456；MN=A110000_0001；Flag=9；CP=&&BeginTime=20160801080000；EndTime=20160801080000&&</td></tr>
<tr><td>数采仪</td><td>返回请求应答</td><td>QN=20160801085857223；ST=91；CN=9011；PW=123456；MN=A110000_0001；Flag=8；CP=&&QnRtn=1&&</td></tr>
<tr><td>数采仪</td><td>上传监测指标加标回收数据</td><td>QN=20160801085857223；ST=21；CN=2063；PW=123456；MN=A110000_0001；Flag=8；CP=&&DataTime=20160801080000；w01001-Check=63.0，w01001-WaterTime=20160801080000，w01001-Water=45.23，w01001-Chroma=1000，w01001-Volume=0.2，w01001-DVolume=200，w01003-Flag=N；w01018-Check=63.0，w01018-WaterTime=20160801080000，w01018-Water=45.23，w01018-Chroma=1000，w01018-Volume=0.2，w01018-DVolume=200，w01018-Flag=N；…&&</td></tr>
<tr><td>数采仪</td><td>返回执行结果</td><td>QN=20160801085857223；ST=91；CN=9012；PW=123456；MN=A110000_0001；Flag=8；CP=&&ExeRtn=1&&</td></tr>
<tr><td rowspan="12">使用字段</td><td colspan="2">DataTime</td><td>数据时间，表示一个时间点，时间精确到分钟。20160801080000 表示上传数据为 2016 年 8 月 1 日 8 时 00 分的监测指标加标回收数据</td></tr>
<tr><td colspan="2">BeginTime</td><td>历史请求的起始时间，精确到分钟</td></tr>
<tr><td colspan="2">EndTime</td><td>历史请求的截止时间，精确到分钟</td></tr>
<tr><td colspan="2">xxx-WaterTime</td><td>加标前水样测试数据时间，该数据时间从在线分析仪表中读取并保持一致</td></tr>
<tr><td colspan="2">xxx-Water</td><td>监测指标 w01001、w01018 加标前水样测试值，单位为 mg/L</td></tr>
<tr><td colspan="2">xxx-Check</td><td>监测指标 w01001、w01018 加标回收数据，单位为 mg/L</td></tr>
<tr><td colspan="2">xxx-Chroma</td><td>监测指标 w01001、w01018 加标母液浓度，单位为 mg/L</td></tr>
<tr><td colspan="2">xxx-Volume</td><td>监测指标 w01001、w01018 加标体积，单位为 ml</td></tr>
<tr><td colspan="2">xxx-DVolume</td><td>监测指标 w01001、w01018 加标水杯定容体积，单位为 ml</td></tr>
<tr><td colspan="2">xxx-Flag</td><td>监测指标 w01001、w01018 加标回收数据标记</td></tr>
<tr><td colspan="2">QnRtn</td><td>请求应答结果</td></tr>
<tr><td colspan="2">ExeRtn</td><td>请求执行结果</td></tr>
<tr><td>执行过程</td><td colspan="3">①上位机发送“取监测指标加标回收数据”请求命令，等待数采仪回应；
②数采仪接收“取监测指标加标回收数据”请求命令，回应“请求应答”；
③上位机接收“请求应答”，根据请求应答标志 QnRtn 的值决定是否等待数采仪加标回收数据上报；
④数采仪执行“取监测指标加标回收历史数据”请求命令；
⑤数采仪依次上报请求时间段内监测指标加标回收数据；
⑥上位机接收“上传监测指标加标回收数据”命令并执行，等待数采仪执行结果；
⑦数采仪返回“执行结果”；
⑧上位机接收“执行结果”，根据执行结果标志 ExeRtn 的值判断请求是否完成，请求执行完毕</td></tr>
</table>

表 B-18 上传监测指标平行样测试数据（2064）

类别	项目		示例/说明
使用命令	数采仪	上传监测指标平行样测试数据	QN=20160801090000001；ST=21；CN=2064；PW=123456；MN=A110000_0001；Flag=9；CP=&&DataTime=20160801080000；w01001-Check=63.0，w01001-WaterTime=20160801080000，w01001-Water=45.23，w01001-Flag=N；…&&
	上位机	返回数据应答	QN=20160801090000001；ST=91；CN=9014；PW=123456；MN=A110000_0001；Flag=8；CP=&&&&
使用字段	DataTime		数据时间，表示一个时间点，时间精确到分钟。20160801080000 表示上传数据为2016 年8 月1 日8 时00分的监测指标平行样数据
	xxx-WaterTime		平行样测量中第 1 次监测指标 w01001 测试数据测量时间
	xxx-Water		平行样测量中第 1 次监测指标 w01001 测试数据
	xxx-Check		平行样测量中第 2 次监测指标 w01001 测试数据
	xxx-Flag		监测指标 w01001 平行样测试数据标记
	QnRtn		请求应答结果
	ExeRtn		请求执行结果
执行过程	①数采仪发送“上报监测指标平行样测试数据”命令； ②上位机接收“上报监测指标平行样测试数据”命令并执行，根据标志 Flag 的值决定是否返回“数据应答”； ③如果“上报监测指标平行样测试数据”命令需要数据应答，数采仪接收“数据应答”，请求执行完毕		

表 B-19 提取监测指标平行样测试数据（2064）

类别	项目		示例/说明
使用命令	上位机	发送“提取监测指标平行样测试数据”请求	QN=20160801085857223；ST=21；CN=2064；PW=123456；MN=A110000_0001；Flag=9；CP=&&BeginTime=20160801080000；EndTime=20160801080000&&
	数采仪	返回请求应答	QN=20160801085857223；ST=91；CN=9011；PW=123456；MN=A110000_0001；Flag=8；CP=&&QnRtn=1&&
	数采仪	上传监测指标平行样测试数据	QN=20160801085857223；ST=21；CN=2064；PW=123456；MN=A110000_0001；Flag=8；CP=&&DataTime=20160801080000；w01001-Check=63.0，w01001-WaterTime=20160801080000，w01001-Water=45.23，w01001-Flag=N；…&&
	数采仪	返回执行结果	QN=20160801085857223；ST=91；CN=9012；PW=123456；MN=A110000_0001；Flag=8；CP=&&ExeRtn=1&&
使用字段	DataTime		数据时间，表示一个时间点，时间精确到分钟。20160801080000 表示上传数据为 2016 年8 月1 日8 时 00 分的监测指标平行样数据

类别	项目	示例/说明
使用字段	BeginTime	历史请求的起始时间，精确到分钟
	EndTime	历史请求的截止时间，精确到分钟
	xxx-WaterTime	平行样测量中第 1 次监测指标 w01001 测试数据测量时间
	xxx-Water	平行样测量中第 1 次监测指标 w01001 测试数据
	xxx-Check	平行样测量中第 2 次监测指标 w01001 测试数据
	xxx-Flag	监测指标 w01001 平行样测试数据标记
执行过程	①上位机发送“取监测指标平行样测试数据”请求命令，等待数采仪回应； ②数采仪接收“取监测指标平行样测试数据”请求命令，回应“请求应答”； ③上位机接收“请求应答”，根据请求应答标志 QnRtn 的值决定是否等待数采仪平行样测试数据上报； ④数采仪执行“取监测指标平行样测试数据”请求命令； ⑤数采仪依次上报请求时间段内监测指标平行样测试数据； ⑥上位机接收“上传监测指标平行样测试数据”命令并执行，等待数采仪执行结果； ⑦数采仪返回“执行结果”； ⑧上位机接收“执行结果”，根据执行结果标志 ExeRtn 的值判断请求是否完成，请求执行完毕	

表 B-20 上传监测指标零点核查数据（2065）

类别	项目		示例/说明
使用命令	数采仪	上传监测指标零点核查数据	QN=20160801090000001；ST=21；CN=2065；PW=123456；MN=A110000_0001；Flag=9；CP=&&DataTime=20160801080000；w01001-Check=63.0，w01001-StandardValue=60，w01001-SpanValue=4.0，w01001-Flag=N；w01003-Check=43.0，w01003-StandardValue=40，w01003-SpanValue=3.0，w01003-Flag=N；w01009-Check=13.0，w01009-StandardValue=10，w01009-SpanValue=3.0，w01009-Flag=N&&
	上位机	返回数据应答	QN=20160801090000001；ST=91；CN=9014；PW=123456；MN=A110000_0001；Flag=8；CP=&&&&
使用字段	DataTime		数据时间，表示一个时间点，时间精确到分钟。20160801080000 表示上传数据为 2016 年 8 月 1 日 8 时 00 分的监测指标零点核查数据
	xxx-Check		监测指标 w01001、w01003、w01009 零点核查数据
	xxx-StandardValue		监测指标 w01001、w01003、w01009 标准样浓度
	xxx-SpanValue		监测指标 w01001、w01003、w01009 仪器跨度值
	xxx-Flag		监测指标 w01001、w01003、w01009 零点核查数据标记
	QnRtn		请求应答结果
	ExeRtn		请求执行结果

类别	项目	示例/说明
执行过程	①数采仪发送“上报监测指标零点核查数据”命令； ②上位机接收“上报监测指标零点核查数据”命令并执行，根据标志 Flag 的值决定是否返回“数据应答”； ③如果“上报监测指标零点核查数据”命令需要数据应答，数采仪接收“数据应答”，请求执行完毕	
说明	中心平台端应具备针对本次零点核查标准样浓度录入、编辑功能，以便和该命令数据（仪表测量的零点核查数据）进行比对并计算相对误差等业务功能的实现	

表 B-21 提取监测指标零点核查数据（2065）

类别	项目		示例/说明
使用命令	上位机	发送“提取监测指标零点核查数据”请求	QN=20160801085857223；ST=21；CN=2065；PW=123456；MN=A110000_0001；Flag=9；CP=&&BeginTime=20160801010000；EndTime=20160801180000&&
	数采仪	返回请求应答	QN=20160801085857223；ST=91；CN=9011；PW=123456；MN=A110000_0001；Flag=8；CP=&&QnRtn=1&&
	数采仪	上传监测指标零点核查数据	QN=20160801090000001；ST=21；CN=2065；PW=123456；MN=A110000_0001；Flag=8；CP=&&DataTime=20160801080000；w01001-Check=63.0，w01001-StandardValue=60，w01001-SpanValue=4.0，w01001-Flag=N；w01003-Check=43.0，w01003-StandardValue=40，w01003-SpanValue=3.0，w01003-Flag=N；w01009-Check=13.0，w01009-StandardValue=10，w01009-SpanValue=3.0，w01009-Flag=N&&
	数采仪	返回执行结果	QN=20160801085857223；ST=91；CN=9012；PW=123456；MN=A110000_0001；Flag=8；CP=&&ExeRtn=1&&
使用字段	BeginTime		历史请求的起始时间，精确到小时
	EndTime		历史请求的截止时间，精确到小时
	DataTime		数据时间，表示一个时间点，时间精确到分钟。20160801080000 表示上传数据为 2016 年 8 月 1 日 8 时 00 分的监测指标零点核查数据
	xxx-Check		监测指标 w01001、w01003、w01009 零点核查数据
	xxx-StandardValue		监测指标 w01001、w01003、w01009 标准样浓度
	xxx-SpanValue		监测指标 w01001、w01003、w01009 仪器跨度值
	xxx-Flag		监测指标 w01001、w01003、w01009 零点核查数据标记
执行过程	①上位机发送“取监测指标零点核查历史数据”请求命令，等待数采仪回应； ②数采仪接收“取监测指标零点核查历史数据”请求命令，回应“请求应答”； ③上位机接收“请求应答”，根据请求应答标志 QnRtn 的值决定是否等待数采仪零点核查数据上报； ④数采仪执行“取监测指标零点核查历史数据”请求命令； ⑤数采仪依次上报请求时间段内监测指标零点核查数据； ⑥上位机接收“上传监测指标查核数据”命令并执行，等待数采仪执行结果； ⑦数采仪返回“执行结果”； ⑧上位机接收“执行结果”，根据执行结果标志 ExeRtn 的值判断请求是否完成，请求执行完毕		

表 B-22　上传监测指标跨度核查数据（2066）

类别	项目		示例/说明
使用命令	数采仪	上传监测指标跨度核查数据	QN=20160801090000001；ST=21；CN=2066；PW=123456；MN=A110000_0001；Flag=9；CP=&&DataTime=20160801080000；w01001-Check=63.0，w01001-StandardValue=60，w01001-SpanValue=3.0，w01001-Flag=N；w01003-Check=43.0，w01003-StandardValue=40，w01003-SpanValue=3.0，w01003-Flag=N；w01009-Check=13.0，w01009-StandardValue=10，w01009-SpanValue=3.0，w01009-Flag=N&&
	上位机	返回数据应答	QN=20160801090000001；ST=91；CN=9014；PW=123456；MN=A110000_0001；Flag=8；CP=&&&&
使用字段	DataTime		数据时间，表示一个时间点，时间精确到分钟。20160801080000 表示上传数据为 2016 年 8 月 1 日 8 时 00 分的监测指标跨度核查数据
	xxx-Check		监测指标 w01001、w01003、w01009 跨度核查数据
	xxx-StandardValue		监测指标 w01001、w01003、w01009 标准样浓度
	xxx-SpanValue		监测指标 w01001、w01003、w01009 仪器跨度值
	xxx-Flag		监测指标 w01001、w01003、w01009 跨度核查数据标记
	QnRtn		请求应答结果
	ExeRtn		请求执行结果
执行过程	①数采仪发送“上报监测指标跨度核查数据”命令； ②上位机接收“上报监测指标跨度核查数据”命令并执行，根据标志 Flag 的值决定是否返回“数据应答”； ③如果“上报监测指标跨度核查数据”命令需要数据应答，数采仪接收“数据应答”，请求执行完毕		
说明	中心平台端应具备针对本次跨度核查标准样浓度录入、编辑功能，以便和该命令数据（仪表测量的跨度核查数据）进行比对并计算相对误差等业务功能的实现		

表 B-23　提取监测指标跨度核查数据（2066）

类别	项目		示例/说明
使用命令	上位机	发送“提取监测指标跨度核查数据”请求	QN=20160801085857223；ST=21；CN=2066；PW=123456；MN=A110000_0001；Flag=9；CP=&&BeginTime=20160801080000；EndTime=20160801080000&&
	数采仪	返回请求应答	QN=20160801085857223；ST=91；CN=9011；PW=123456；MN=A110000_0001；Flag=8；CP=&&QnRtn=1&&

类别	项目		示例/说明
使用命令	数采仪	上传监测指标跨度核查数据	QN=20160801090000001；ST=21；CN=2066；PW=123456；MN=A110000_0001；Flag=8；CP=&&DataTime=20160801080000；w01001-Check=63.0，w01001-StandardValue=60，w01001-SpanValue=3.0，w01001-Flag=N；w01003-Check=43.0，w01003-StandardValue=40，w01003-SpanValue=3.0，w01003-Flag=N；w01009-Check=13.0，w01009-StandardValue=10，w01009-SpanValue=3.0，w01009-Flag=N&&
	数采仪	返回执行结果	QN=20160801085857223；ST=91；CN=9012；PW=123456；MN=A110000_0001；Flag=8；CP=&&ExeRtn=1&&
使用字段	BeginTime		历史请求的起始时间，精确到小时
	EndTime		历史请求的截止时间，精确到小时
	DataTime		数据时间，表示一个时间点，时间精确到分钟。20160801080000 表示上传数据为 2016 年 8 月 1 日 8 时 00 分的监测指标跨度核查数据
	xxx-Check		监测指标 w01001、w01003、w01009 跨度核查数据
	xxx-StandardValue		监测指标 w01001、w01003、w01009 标准样浓度
	xxx-SpanValue		监测指标 w01001、w01003、w01009 仪器跨度值
	xxx-Flag		监测指标 w01001、w01003、w01009 跨度核查数据标记
执行过程	①上位机发送“取监测指标跨度核查历史数据”请求命令，等待数采仪回应； ②数采仪接收“取监测指标跨度核查历史数据”请求命令，回应“请求应答”； ③上位机接收“请求应答”，根据请求应答标志 QnRtn 的值决定是否等待数采仪跨度核查数据上报； ④数采仪执行“取监测指标跨度核查历史数据”请求命令； ⑤数采仪依次上报请求时间段内监测指标跨度核查数据； ⑥上位机接收“上传监测指标查核数据”命令并执行，等待数采仪执行结果； ⑦数采仪返回“执行结果”； ⑧上位机接收“执行结果”，根据执行结果标志 ExeRtn 的值判断请求是否完成，请求执行完毕		

表 B-24 上传数采仪开机时间数据（2081）

类别	项目		示例/说明
使用命令	数采仪	上传数采仪开机时间数据	QN=20160801090000001；ST=21；CN=2081；PW=123456；MN=A110000_0001；Flag=9；CP=&&DataTime=20160801080000&&
	上位机	返回数据应答	QN=20160801090000001；ST=91；CN=9014；PW=123456；MN=A110000_0001；Flag=8；CP=&&&&
使用字段	DataTime		数采机开机后发送时间字段（以工控机为数据采集器，可让数据采集传输软件启动后自动发送时间）
	ExeRtn		请求执行结果
执行过程	①数采仪开机时间数据； ②上位机接收“开机时间数据”命令并执行，根据标志 Flag 的值决定是否返回“数据应答”		

表 B-25 手动远程留样（3015）

类别	项目		示例/说明
使用命令	上位机	发送“手动远程留样”请求	QN=20160801085857223；ST=21；CN=3015；PW=123456；MN=A110000_0001；Flag=9；CP=&&&&
	数采仪	返回请求应答	QN=20160801090000001；ST=91；CN=9011；PW=123456；MN=A110000_0001；Flag=8；CP=&&QnRtn=1&&
	数采仪	发送“手动远程留样”响应	QN=20160801085857223；ST=21；CN=3015；PW=123456；MN=A110000_0001；Flag=8；CP=&&DataTime=20160801085857；VaseNo=1&&
	数采仪	返回执行结果	QN=20160801085857223；ST=91；CN=9012；PW=123456；MN=A110000_0001；Flag=8；CP=&&ExeRtn=1&&
使用字段	DataTime		留样时间
	VaseNo		留样瓶编号
	QnRtn		请求应答结果
	ExeRtn		请求执行结果
执行过程	①上位机发送“手动远程留样”请求命令，等待数采仪回应； ②数采仪接收“手动远程留样”请求命令，回应“请求应答”； ③上位机接收“请求应答”，根据请求应答标志 QnRtn 的值决定是否等待数采仪执行结果； ④数采仪执行“手动远程留样”请求命令，发送“手动远程留样”响应命令； ⑤上位机接收“手动远程留样”响应命令并执行，等待数采仪执行结果； ⑥数采仪执行“手动远程留样”请求命令，返回“执行结果”； ⑦上位机接收“执行结果”，根据执行结果标志 ExeRtn 的值判断请求是否完成，请求执行完毕		

表 B-26 上传留样信息（3015）

类别	项目		示例/说明
使用命令	数采仪	上传“超标留样”信息	QN=20160801085857223；ST=21；CN=3015；PW=123456；MN=A110000_0001；Flag=9；CP=&&DataTime=20160801085857；VaseNo=1&&
	上位机	返回数据应答	QN=20160801085857223；ST=91；CN=9014；PW=123456；MN=A110000_0001；Flag=8；CP=&&&&
使用字段	DataTime		留样时间
	VaseNo		留样瓶编号
执行过程	①当发现超标留样时，数采仪主动“超标留样”信息到上位机； ②上位机接收“上传超标留样信息”命令并执行，根据标志 Flag 的值决定是否返回“数据应答”； ③如果“上传超标留样信息”命令需要数据应答，数采仪接收“数据应答”，请求执行完毕		

表 B-27 上传仪表/数采仪信息（日志）（3020）

类别	项目		示例/说明
使用命令	数采仪	上传水质监测系统信息（日志）	QN=20160801085857223；ST=21；CN=3020；PW=123456；MN=A110000_0001；Flag=9；CP=&&DataTime=20100301145000；PolId=w01018，i11001-Info=//清洗管路//；PolId=w01019，i11001-Info=//清洗管路//&&
	上位机	返回数据应答	QN=20160801085857223；ST=91；CN=9014；PW=123456；MN=A110000_0001；Flag=8；CP=&&&&
使用字段	PolId		在线监控（监测）仪器仪表对应监测指标编码，w01018 编码表示 COD 在线监控（监测）仪器仪表
	DataTime		数据时间，表示一个时间点，时间精确到秒；20160801085857 表示 2016 年 8 月 1 日 8 时 58 分 57 秒的参数
	i11001-Info		在线监控（监测）仪器仪表 COD 的日志信息，参见附录 A
执行过程	①分析仪表有新的日志产生时发送“上传分析仪表信息”命令； ②上位机接收“上传水质监测系统信息”命令并执行，根据标志 Flag 的值决定是否返回“数据应答”； ③如果“上传水质监测系统信息”命令需要数据应答，数采仪接收“数据应答”，请求执行完毕		
说明	①日志可以使用中文，日志必须在一对“//”之间，使用 GB2312 编码； ②如果上报的信息中与“PolId”无关，应不出现“PolId”字样，以下“信息上报”类同； ③日志长度必须小于 890 个字节 ④支持多个仪表设备同时发送数据信息以分号分隔； ⑤当发送数采仪（系统）日志，PolId 定义为 w00000； ⑥数采仪日志编码：i21001		

表 B-28 提取仪表/数采仪信息（日志）（3020）

类别	项目		示例/说明
使用命令	上位机	发送“提取现场机信息”请求	QN=20160801085857223；ST=21；CN=3020；PW=123456；MN=A110000_0001；Flag=9；CP=&&PolId=w01018，InfoId=i11001；BeginTime=20160801010522，EndTime=20160801085857&&
	数采仪	返回请求应答	QN=20160801085857223；ST=91；CN=9014；PW=123456；MN=A110000_0001；Flag=8；CP=&&&&
	数采仪	上传现场机信息	QN=20160801085857335；ST=21；CN=3020；PW=123456；MN=A110000_0001；Flag=8；CP=&&DataTime=20160801082857；PolId=w01018，i11001-Info=//时间校准//&&
	数采仪	返回执行结果	QN=20160801085857223；ST=91；CN=9012；PW=123456；MN=A110000_0001；Flag=8；CP=&&ExeRtn=1&&
使用字段	PolId		在线监控（监测）仪器仪表对应监测指标编码，w01018 编码表示 COD 在线监控（监测）仪器仪表
	InfoId		在线监控（监测）设备信息编码

类别	项目	示例/说明
使用字段	BeginTime	历史请求的起始时间，精确到秒
	EndTime	历史请求的截止时间，精确到秒
	DataTime	数据时间，表示一个时间点，时间精确到秒；20160801085857 表示 2016 年 8 月 1 日 8 时 58 分 57 秒的参数
	i11001-Info	在线监控（监测）仪器仪表 COD 的日志信息，参见附录 A
	QnRtn	请求应答结果
	ExeRtn	请求执行结果
执行过程	①上位机发送“提取数采仪信息”请求命令，等待数采仪回应； ②数采仪接收“提取数采仪信息”请求命令，回应“请求应答”； ③上位机接收“请求应答”，根据请求应答标志 QnRtn 的值决定是否等待数采仪历史数据上报； ④数采仪执行“提取现场机信息”请求命令； ⑤数采仪循环上报请求时间段内所查询历史日志记录； ⑥上位机接收“提取现场机信息”命令并执行，等待数采仪执行结果； ⑦数采仪返回“执行结果”； ⑧上位机接收“执行结果”，根据执行结果标志 ExeRtn 的值判断请求是否完成，请求执行完毕	
说明	①日志可以使用中文，日志必须在一对“//”之间，使用 GB2312 编码； ②如果上报的信息中与“PolId”无关，应不出现“PolId”字样，以下“信息上报”类同； ③日志长度必须小于 890 个字节； ④支持多个仪表设备同时发送数据信息以分号分隔； ⑤当发送数采仪（系统）日志，PolId 定义为 w00000； ⑥数采仪日志编码：i21001	

表 B-29　上传仪表/数采仪信息（状态）（3020）

类别	项目		示例/说明
使用命令	数采仪	上传现场机信息（状态）	QN=20160801085857223；ST=21；CN=3020；PW=123456；MN=A110000_0001；Flag=9；CP=&&DataTime=20100301145000；PolId=w01018，i12001-Info=1，i12003-Info=0&&
	上位机	返回数据应答	QN=20160801085857223；ST=91；CN=9014；PW=123456；MN=A110000_0001；Flag=8；CP=&&&&
使用字段	PolId		在线监控（监测）仪器仪表对应监测指标编码，w01018 编码表示 COD 在线监控（监测）仪器仪表
	DataTime		数据时间，表示一个时间点，时间精确到秒；20160801085857 表示 2016 年 8 月 1 日 8 时 58 分 57 秒的参数
	i12001-Info		在线监控（监测）仪器仪表 COD 的工作状态是维护状态，参见附录 A
	i12003-Info		在线监控（监测）仪器仪表 COD 报警状态是正常，参见附录 A

类别	项目	示例/说明
执行过程	①分析仪表有新的日志产生时发送“上传分析仪表信息”命令； ②上位机接收“上传现场机信息”命令并执行，根据标志 Flag 的值决定是否返回“数据应答”； ③如果“上传现场机信息”命令需要数据应答，数采仪接收“数据应答”，请求执行完毕	
说明	①支持多个仪表设备同时发送数据信息以分号分隔； ②当发送数采仪（系统）日志，PolId 定义为 w00000； ③数采仪状态编码：i22001	

表 B-30 提取仪表/数采仪信息（状态）（3020）

类别	项目		示例/说明
使用命令	上位机	发送“提取现场机信息”请求	QN=20160801085857223；ST=21；CN=3020；PW=123456；MN=A110000_0001；Flag=9；CP=&&PolId=w01018，InfoId=i12001&&
	数采仪	返回请求应答	QN=20101110010101001；ST=91；CN=9011；PW=123456；MN=A110000_0001；Flag=8；CP=&&QnRtn=1&&
	数采仪	发送“提取现场机信息”响应	QN=20160801085857223；ST=21；CN=3020；PW=123456；MN=A110000_0001；Flag=8；CP=&&DataTime=20100301145000；PolId=w01018，i12001-Info=1&&
	数采仪	返回执行结果	QN=20160801085857223；ST=91；CN=9012；PW=123456；MN=A110000_0001；Flag=8；CP=&&ExeRtn=1&&
使用字段	PolId		在线监控（监测）仪器仪表对应监测指标编码，w01018 编码表示 COD 在线监控（监测）仪器仪表
	InfoId		在线监控（监测）设备信息编码
	DataTime		数据时间，表示一个时间点，时间精确到秒；20160801085857 表示 2016 年 8 月 1 日 8 时 58 分 57 秒的参数
	i12001-Info		在线监控（监测）仪器仪表 COD 的工作状态是维护状态，参见附录 B
	QnRtn		请求应答结果
	ExeRtn		请求执行结果
执行过程	①上位机发送“提取现场机信息”请求命令，等待数采仪回应； ②数采仪接收“提取现场机信息”请求命令，回应“请求应答”； ③上位机接收“请求应答”，根据请求应答标志 QnRtn 的值决定是否等待数采仪历史数据上报； ④数采仪执行“提取现场机信息”请求命令； ⑤数采仪循环上报请求时间段内所查询历史日志记录； ⑥上位机接收“提取现场机信息”命令并执行，等待数采仪执行结果； ⑦数采仪返回“执行结果”； ⑧上位机接收“执行结果”，根据执行结果标志 ExeRtn 的值判断请求是否完成，请求执行完毕		
说明	①日志可以使用中文，日志必须在一对“//”之间，使用 GB2312 编码； ②如果上报的信息中与“PolId”无关，应不出现“PolId”字样，以下“信息上报”类同； ③日志长度必须小于 890 个字节； ④支持多个仪表设备同时发送数据信息以分号分隔； ⑤当发送数采仪（系统）日志，PolId 定义为 w00000； ⑥数采仪状态编码：i22001		

表 B-31 上传仪表信息（参数）（3020）

类别	项目		示例/说明
使用命令	数采仪	上传现场机信息（参数）	QN=20160801085857223；ST=21；CN=3020；PW=123456；MN=A110000_0001；Flag=9；CP=&&DataTime=20160801085857；PolId=w01018，i13004-Info=168.0，i13005-Info=40&&
	上位机	返回数据应答	QN=20160801085857223；ST=91；CN=9014；PW=123456；MN=A110000_0001；Flag=8；CP=&&&&
使用字段	PolId		在线监控（监测）仪器仪表对应监测指标编码，w01018 编码表示 COD 在线监控（监测）仪器仪表
	DataTime		数据时间，表示一个时间点，时间精确到秒；20160801085857 表示 2016 年 8 月 1 日 8 时 58 分 57 秒的参数
	i13004-Info		在线监控（监测）仪器仪表 COD 的消解温度是 168℃，参见附录 A
	i13005-Info		在线监控（监测）仪器仪表 COD 的消解时长是 40 min，参见附录 A
执行过程	①分析仪表有新的日志产生时发送“上传分析仪表信息”命令； ②上位机接收“上传现场机信息”命令并执行，根据标志 Flag 的值决定是否返回“数据应答”； ③如果“上传现场机信息”命令需要数据应答，数采仪接收“数据应答”，请求执行完毕		
说明	①日志可以使用中文，日志必须在一对“//”之间，使用 GB2312 编码； ②如果上报的信息中与“PolId”无关，应不出现“PolId”字样，以下“信息上报”类同； ③日志长度必须小于 890 个字节； ④支持多个仪表设备同时发送数据信息以分号分隔； ⑤当发送数采仪（系统）日志，PolId 定义为 w00000		

表 B-32 提取仪表信息（参数）（3020）

类别	项目		示例/说明
使用命令	上位机	发送“提取现场机信息”请求	QN=20160801085857223；ST=21；CN=3020；PW=123456；MN=A110000_0001；Flag=9；CP=&&PolId=w01018，InfoId=i13004&&
	数采仪	返回请求应答	QN=20160801085857223；ST=91；CN=9011；PW=123456；MN=A110000_0001；Flag=8；CP=&&QnRtn=1&&
	数采仪	发送“提取现场机信息”响应	QN=20160801085857223；ST=21；CN=3020；PW=123456；MN=A110000_0001；Flag=8；CP=&&DataTime=20160801085857；PolId=w01018，i13004-Info=168.0&&
	数采仪	返回执行结果	QN=20160801085857223；ST=91；CN=9012；PW=123456；MN=A110000_0001；Flag=8；CP=&&ExeRtn=1&&
使用字段	PolId		在线监控（监测）仪器仪表对应监测指标编码，w01018 编码表示 COD 在线监控（监测）仪器仪表

类别	项目	示例/说明
使用字段	InfoId	在线监控（监测）设备信息编码
	DataTime	数据时间，表示一个时间点，时间精确到秒；20160801085857表示2016年8月1日8时58分57秒的参数
	i13004-Info	在线监控（监测）仪器仪表COD的消解温度是168℃，参见附录A
	QnRtn	请求应答结果
	ExeRtn	请求执行结果
执行过程	①上位机发送“提取现场机信息”请求命令，等待数采仪回应； ②数采仪接收“提取现场机信息”请求命令，回应“请求应答”； ③上位机接收“请求应答”，根据请求应答标志QnRtn的值决定是否等待数采仪历史数据上报； ④数采仪执行“提取现场机信息”请求命令； ⑤数采仪循环上报请求时间段内所查询历史日志记录； ⑥上位机接收“提取现场机信息”命令并执行，等待数采仪执行结果； ⑦数采仪返回“执行结果”； ⑧上位机接收“执行结果”，根据执行结果标志ExeRtn的值判断请求是否完成，请求执行完毕	
说明	①日志可以使用中文，日志必须在一对“//”之间，使用GB2312编码； ②如果上报的信息中与“PolId”无关，应不出现“PolId”字样，以下“信息上报”类同； ③日志长度必须小于890个字节； ④支持多个仪表设备同时发送数据信息以分号分隔； ⑤当发送数采仪（系统）日志，PolId定义为w00000	

表B-33　设置仪表信息（参数）（3021）

类别	项目		示例/说明
使用命令	上位机	发送“设置现场机参数”请求	QN=20160801085857223；ST=21；CN=3021；PW=123456；MN=A110000_0001；Flag=9；CP=&&PolId=w01018，InfoId=i13004，i13004-Info=168.0&&
	数采仪	返回请求应答	QN=20160801085857223；ST=91；CN=9011；PW=123456；MN=A110000_0001；Flag=8；CP=&&QnRtn=1&&
	数采仪	返回执行结果	QN=20160801085857223；ST=91；CN=9012；PW=123456；MN=A110000_0001；Flag=8；CP=&&ExeRtn=1&&
使用字段	PolId		在线监控（监测）仪器仪表对应监测指标编码，w01018编码表示COD在线监控（监测）仪器仪表
	InfoId		在线监控（监测）设备信息编码
	i13004-Info		在线监控（监测）仪器仪表COD的消解温度是168℃，参见附录A
	QnRtn		请求应答结果
	ExeRtn		请求执行结果

类别	项目	示例/说明
执行过程	①上位机发送“提取现场机信息”请求命令，等待数采仪回应； ②数采仪接收“提取现场机信息”请求命令，回应“请求应答”； ③上位机接收“请求应答”，根据请求应答标志 QnRtn 的值决定是否等待数采仪历史数据上报； ④数采仪执行“提取现场机信息”请求命令； ⑤数采仪循环上报请求时间段内所查询历史日志记录； ⑥上位机接收“提取现场机信息”命令并执行，等待数采仪执行结果； ⑦数采仪返回“执行结果”； ⑧上位机接收“执行结果”，根据执行结果标志 ExeRtn 的值判断请求是否完成，请求执行完毕	
说明	①设置现场机参数命令用于监控中心远程设置现场机的参数； ②支持多个仪表设备同时发送数据信息以分号分隔； ③当发送数采仪（系统）日志，PolId 定义为 w00000； ④必需在待机状态下远程才可以执行该反控命令	

表 B-34 提取现场系统信息（3040）

类别	项目		示例/说明
使用命令	上位机	发送“取现场系统信息”请求	QN=20040516010101001；ST=21；CN=3040；PW=123456；MN=A110000_0001；Flag=9；CP=&&&&
	数采仪	返回请求应答	ST=91；CN=9011；PW=123456；MN=A110000_0001；Flag=8；CP=&&QN=20040516010101001；QnRtn=1&&
	数采仪	发送“取现场系统信息”响应	QN=20040516010101001；ST=21；CN=3040；PWD=123456；MN=A110000_0001 ； Flag=8 ； CP=&&RunMode=1 ；PumpState=3；SystemTask=0；ValveCount=2；ValveStateList=0|0；SandTime=1800；SandCleanTime=10；SandWaitTime=10；MeasureWaitTime=10 ； CleanOutPipeTime=10 ； CleanInPipeTime=10；RtdInterval=1；RunInterval=2；SystemAlarm=01|02|03；SystemTime=20130730150254&&
	数采仪	返回执行结果	QN=20040516010101001；ST=91；CN=9012；PW=123456；MN=A110000_0001；Flag=8；CP=&&ExeRtn=1&&
使用字段	QN		请求编号
	RunMode		系统运行模式［0—维护模式；1—常规（间歇）模式；2—应急（连续）模式；3—质控模式］
	PumpState		系统采水泵状态（1—只用泵一；2—只用泵二；3—双泵交替）
	SystemTask		系统当前任务：0—停机；1—待机；2—调试（手动）；3—水样采集；4—沉砂；5—进样；6—仪表测试分析；7—反吹；8—清洗；9—除藻
	ValveCount		系统控制阀数量
	ValveStateList		系统控制阀状态列表：ValveStateList=0|1（依次标注每个控制阀的状态，0 表示关，1 表示开）

类别	项目	示例/说明
使用字段	SandTime	沉砂时间/s
	SandCleanTime	沉砂池清洗时间/s
	SandWaitTime	水样静置时间/s
	MeasureWaitTime	等待仪表测量时间/s
	CleanOutPipeTime	清洗外管路时间/s
	CleanInPipeTime	清洗内管路时间/s
	AirCleanTime	反吹时间/s
	AirCleanInterval	反吹间隔/s
	WcleanTime	清洗时间/s
	WcleanInterval	清洗间隔/s
	AlgClean	除藻选择（为 0 时不开除藻，为 1 时开除藻）
	RtdInterval	实时数据传输周期/min
	RunInterval	系统运行周期/h
	SystemAlarm	00 为无报警； 01 为断电报警； 02 为采样管路欠压（源水泵故障）； 03 为进样管路欠压（进样泵/增加泵故障）
	SystemTime	系统当前时间
	QnRtn	请求返回结果
执行过程		

表 B-35 提取现场经纬度及环境信息（3041）

类别	项目		示例/说明
使用命令	上位机	发送“提取现场经纬度及环境信息”请求	QN=20040516010101001；ST=21；CN=3041；PW=123456；MN=A110000_0001；Flag=9；CP=&&&&
	数采仪	请求应答	ST=91；CN=9011；PW=123456；MN=A110000_0001；Flag=8；CP=&&QN=20040516010101001；QnRtn=1&&
	数采仪	上传提取现场经纬度及环境信息	QN=20040516010101001；ST=21；CN=3041；PWD=123456；MN=A110000_0001；Flag=8；CP=&&DataTime=20150310000907；Lng=118.23456789；Lat=23.12345678；Temp=25.34；Hum=85；Volt=12.7&&
	数采仪	返回执行结果	QN=20040516010101001；ST=91；CN=9012；PW=123456；MN=A110000_0001；Flag=8；CP=&&ExeRtn=1&&
使用字段	QN		请求编号
	DataTime		数据日期时间
	Lng		经度
	Lat		纬度
	Volt		电压/V
	Temp		温度/℃
	Hum		湿度/%
	QnRtn		请求返回结果
执行过程			

表 B-36　远程切换运行模式（3042）

类别	项目		示例/说明
使用命令	上位机	运行模式	QN=20101108134245102；ST=21；CN=3042；PW=123456；MN=A110000_0001；Flag=9；CP=&&RunMode=2&&
	数采仪	返回请求应答	QN=20101108134245102；ST=91；CN=9011；PW=123456；MN=A110000_0001；Flag=8；CP=&&QnRtn=1&&
	数采仪	返回执行结果	QN=20101108134245102；ST=91；CN=9012；PW=123456；MN=A110000_0001；Flag=8；CP=&&ExeRtn=1&&
使用字段	QN		请求编号
	QnRtn		请求返回结果
	RunMode		请求编号 0—维护模式；1—常规（间歇）模式；2—应急（连续）模式；3—质控模式
	ExeRtn		请求执行结果
执行过程			
说明	应急模式：即当发生污染事故或其他重要事件需要中断当前系统正常测试流程，通过此命令实现立即中断当前流程即可采水样测试		

表 B-37　远程重启现场数采仪（3043）

类别	项目		示例/说明
使用命令	上位机	重启数采仪	QN=20101108134245102；ST=21；CN=3043；PW=123456；MN=A110000_0001；Flag=9；CP=&&&&
	数采仪	返回请求应答	QN=20101108134245102；ST=91；CN=9011；PW=123456；MN=A110000_0001；Flag=8；CP=&&QnRtn=1&&
	数采仪	返回执行结果	QN=20101108134245102；ST=91；CN=9012；PW=123456；MN=A110000_0001；Flag=8；CP=&&ExeRtn=1&&
使用字段	QN		请求编号
	QnRtn		请求返回结果
	ExeRtn		请求执行结果
执行过程			
说明	请在工控机重启之前发送“返回操作执行结果”，系统默认执行成功		

表 B-38 远程启动系统单次测试（3044）

类别	项目		示例/说明
使用命令	上位机	单次测量	QN=20101108135153914；ST=21；CN=3044；PW=123456；MN=A110000_0001；Flag=9；CP=&&&&
	数采仪	返回请求应答	QN=20101108135153914；ST=91；CN=9011；PW=123456；MN=A110000_0001；Flag=8；CP=&&QnRtn=1&&
	数采仪	返回执行结果	QN=20101108134245102；ST=91；CN=9012；PW=123456；MN=A110000_0001；Flag=8；CP=&&ExeRtn=1&&
使用字段	QN		请求编号
	QnRtn		请求返回结果
	ExeRtn		请求执行结果
执行过程			
说明	必须在待机状态下远程才可以执行该反控命令		

表 B-39 远程控制系统紧急停机命令（3045）

类别	项目		示例/说明
使用命令	上位机	发送系统紧急停机命令	QN=20101108135153914；ST=21；CN=3045；PW=123456；MN=A110000_0001；Flag=9；CP=&&&&
	数采仪	返回请求应答	QN=20101108135153914；ST=91；CN=9011；PW=123456；MN=A110000_0001；Flag=8；CP=&&QnRtn=1&&
	数采仪	返回执行结果	QN=20101108134245102；ST=91；CN=9012；PW=123456；MN=A110000_0001；Flag=8；CP=&&ExeRtn=1&&
使用字段	QN		请求编号
	QnRtn		请求返回结果
	ExeRtn		请求执行结果
执行过程			

表 B-40 远程控制系统进入待机命令（3046）

类别	项目		示例/说明
使用命令	上位机	发送系统待机命令	QN=20101108135153914；ST=21；CN=3046；PW=123456；MN=A110000_0001；Flag=9；CP=&&PolId=w00000&&
	数采仪	返回请求应答	QN=20101108135153914；ST=91；CN=9011；PW=123456；MN=A110000_0001；Flag=8；CP=&&QnRtn=1&&
	数采仪	返回执行结果	QN=20101108134245102；ST=91；CN=9012；PW=123456；MN=A110000_0001；Flag=8；CP=&&ExeRtn=1&&
使用字段	QN		请求编号
	QnRtn		请求返回结果
	ExeRtn		请求执行结果

类别	项目	示例/说明
执行过程	①上位机发送“远程控制系统进入待机命令”请求命令，等待数采仪回应； ②数采仪接收“远程控制系统进入待机命令”请求命令，回应“请求应答”； ③上位机接收“请求应答”，根据请求应答标志 QnRtn 的值决定是否等待远程控制系统进入待机； ④数采仪执行“远程控制系统进入待机命令”请求命令； ⑤数采仪返回“执行结果”； ⑥上位机接收“执行结果”，根据执行结果标志 ExeRtn 的值判断请求是否完成，请求执行完毕	
说明	当发送现场机进入待机时，PolId 定义为 w00000	

表 B-41　系统报警确认（3047）

类别	项目		示例/说明
使用命令	上位机	报警确认	QN=20101108135153914；ST=21；CN=3047；PW=123456；MN=A110000_0001；Flag=9；CP=&&&&
	数采仪	返回请求应答	QN=20101108135153914；ST=91；CN=9011；PW=123456；MN=A110000_0001；Flag=8；CP=&&；QnRtn=1&&
	数采仪	返回操行结果	QN=20101108134245102；ST=91；CN=9012；PW=123456；MN=A110000_0001；Flag=8；CP=&&ExeRtn=1&&
使用字段	QN		请求编号
	QnRtn		请求返回结果
	ExeRtn		请求执行结果
执行过程			
说明	复位后，确认并清除所有现场报警		

表 B-42　远程启动系统全面清洗（3048）

类别	项目		示例/说明
使用命令	上位机	发送全面清洗命令	QN=20101108135153914；ST=21；CN=3048；PW=123456；MN=A110000_0001；Flag=9；CP=&&&&
	数采仪	返回请求应答	QN=20101108135153914；ST=91；CN=9011；PW=123456；MN=A110000_0001；Flag=8；CP=&&QnRtn=1&&
	数采仪	返回执行结果	QN=20101108134245102；ST=91；CN=9012；PW=123456；MN=A110000_0001；Flag=8；CP=&&ExeRtn=1&&
使用字段	QN		请求编号
	QnRtn		请求返回结果
	ExeRtn		请求执行结果
执行过程			
说明	必须在待机状态下远程才可以执行该反控命令		

表 B-43 远程启动系统外管路清洗（3049）

类别	项目		示例/说明
使用命令	上位机	发送外管路清洗命令	QN=20101108135153914；ST=21；CN=3049；PW=123456；MN=A110000_0001；Flag=9；CP=&&&&
	数采仪	返回请求应答	QN=20101108135153914；ST=91；CN=9011；PW=123456；MN=A110000_0001；Flag=8；CP=&&QnRtn=1&&
	数采仪	返回执行结果	QN=20101108134245102；ST=91；CN=9012；PW=123456；MN=A110000_0001；Flag=8；CP=&&ExeRtn=1&&
使用字段	QN		请求编号
	QnRtn		请求返回结果
	ExeRtn		请求执行结果
执行过程			
说明	必须在待机状态下远程才可以执行该反控命令		

表 B-44 远程启动系统内管路清洗（3050）

类别	项目		示例/说明
使用命令	上位机	发送内管路清洗命令	QN=20101108135153914；ST=21；CN=3050；PW=123456；MN=A110000_0001；Flag=9；CP=&&&&
	数采仪	返回请求应答	QN=20101108135153914；ST=91；CN=9011；PW=123456；MN=A110000_0001；Flag=8；CP=&&QnRtn=1&&
	数采仪	返回执行结果	QN=20101108134245102；ST=91；CN=9012；PW=123456；MN=A110000_0001；Flag=8；CP=&&ExeRtn=1&&
使用字段	QN		请求编号
	QnRtn		请求返回结果
	ExeRtn		请求执行结果
执行过程			
说明	必须在待机状态下远程才可以执行该反控命令		

表 B-45 远程启动沉砂池清洗（3051）

类别	项目		示例/说明
使用命令	上位机	发送沉砂池清洗命令	QN=20101108135153914；ST=21；CN=3051；PW=123456；MN=A110000_0001；Flag=9；CP=&&&&
	数采仪	返回请求应答	QN=20101108135153914；ST=91；CN=9011；PW=123456；MN=A110000_0001；Flag=8；CP=&&QnRtn=1&&
		返回执行结果	QN=20101108134245102；T=91；CN=9012；PW=123456；MN=A110000_0001；Flag=8CP=&&ExeRtn=1&&
使用字段	QN		请求编号
	QnRtn		请求返回结果
	ExeRtn		请求执行结果
执行过程			
说明	必须在待机状态下远程才可以执行该反控命令		

表 B-46 远程启动系统除藻操作（3052）

类别	项目		示例/说明
使用命令	上位机	发送除藻命令	QN=20101108135153914；ST=21；CN=3052；PW=123456；MN=A110000_0001；Flag=9；CP=&&&&
	数采仪	返回请求应答	QN=20101108135153914；ST=91；CN=9011；PW=123456；MN=A110000_0001；Flag=8；CP=&&QnRtn=1&&
	数采仪	返回执行结果	QN=20101108134245102；ST=91；CN=9012；PW=123456；MN=A110000_0001；Flag=8；CP=&&ExeRtn=1&&
使用字段	QN		请求编号
	QnRtn		请求返回结果
	ExeRtn		请求执行结果
执行过程			
说明	必须在待机状态下远程才可以执行该反控命令		

表 B-47 远程启动五参数池清洗（3053）

类别	项目		示例/说明
使用命令	上位机	发送五参数池清洗命令	QN=20101108135153914；ST=21；CN=3053；PW=123456；MN=A110000_0001；Flag=9；CP=&&&&
	数采仪	返回请求应答	QN=20101108135153914；ST=91；CN=9011；PW=123456；MN=A110000_0001；Flag=8；CP=&&QnRtn=1&&
	数采仪	返回执行结果	QN=20101108134245102；ST=91；CN=9012；PW=123456；MN=A110000_0001；Flag=8；CP=&&ExeRtn=1&&
使用字段	QN		请求编号
	QnRtn		请求返回结果
	ExeRtn		请求执行结果
执行过程			
说明	必须在待机状态下远程才可以执行该反控命令		

表 B-48 远程启动系统过滤器清洗（3054）

类别	项目		示例/说明
使用命令	上位机	发送过滤器清洗命令	QN=20101108135153914；ST=21；CN=3054；PW=123456；MN=A110000_0001；Flag=9；CP=&&&&
	数采仪	返回请求应答	QN=20101108135153914；ST=91；CN=9011；PW=123456；MN=A110000_0001；Flag=8；CP=&&QnRtn=1&&
	数采仪	返回执行结果	QN=20101108134245102；ST=91；CN=9012；PW=123456；MN=A110000_0001；Flag=8；CP=&&ExeRtn=1&&
使用字段	QN		请求编号
	QnRtn		请求返回结果
	ExeRtn		请求执行结果
执行过程			
说明	必须在待机状态下远程才可以执行该反控命令		

表 B-49 远程设置系统沉淀时间（3055）（默认 1 800 s）

类别	项目		示例/说明
使用命令	上位机	设置运行间隔	QN=20101108135153914；ST=21；CN=3055；PW=123456；MN=A110000_0001；Flag=9；CP=&&SandTime =300&&
	数采仪	返回请求应答	QN=20101108135153914；ST=91；CN=9011；PW=123456；MN=A110000_0001；Flag=8；CP=&&QnRtn=1&&
	数采仪	返回执行结果	QN=20101108135153914；ST=91；CN=9012；PW=123456；MN=A110000_0001；Flag=8；CP=&&ExeRtn=1&&
使用字段	QN		请求编号
	QnRtn		请求返回结果
	ExeRtn		请求执行结果
	SandTime		设置沉沙时间，单位为 s
执行过程	上位机发送设置数采仪时间命令后等待数采仪应答，上位机收到应答后通过判断应答代码中 QnRtn 值决定是否等待执行结果，数采仪执行设置时钟请求，返回执行结束命令，请求执行完毕		
说明	必须在待机状态下远程才可以执行该反控命令		

表 B-50 远程设置系统运行测量时间间隔（3056）（默认 4 h/次）

类别	项目		示例/说明
使用命令	上位机	设置运行间隔	QN=20101108135153914；ST=21；CN=3056；PW=123456；MN=A110000_0001；Flag=9；CP=&&RunInterval =4&&
	数采仪	返回请求应答	QN=20101108135153914；ST=91；CN=9011；PW=123456；MN=A110000_0001；Flag=8；CP=&&QnRtn=1&&
		返回执行结果	QN=20101108135153914；ST=91；CN=9012；PW=123456；MN=A110000_0001；Flag=8；CP=&&ExeRtn=1&&
使用字段	QN		请求编号
	QnRtn		请求返回结果
	RunInterval		系统运行测试时间间隔（默认为 4 h/次）
	ExeRtn		请求执行结果
执行过程	上位机发送设置数采仪时间命令后等待数采仪应答，上位机收到应答后通过判断应答代码中 QnRtn 值决定是否等待执行结果，数采仪执行设置时钟请求，返回执行结束命令，请求执行完毕		
说明	必须在待机状态下远程才可以执行该反控命令		

表 B-51 设置采样泵运行模式（3057）

类别	项目		示例/说明
使用命令	上位机	设置采样泵运行模式	QN=20101108154741039；ST=21；CN=3057；PW=123456；MN=A110000_0001；Flag=9；CP=&&PumpState=2&&
	数采仪	返回请求应答	QN=20101108154741039；ST=91；CN=9011；PW=123456；MN=A110000_0001；Flag=8；CP=&&QnRtn=1&&
	数采仪	返回执行结果	QN=20101108154741039；ST=91；CN=9012；PW=123456；MN=A110000_0001；Flag=8；CP=&&ExeRtn=1&&

<table>
<tr><th>类别</th><th>项目</th><th>示例/说明</th></tr>
<tr><td rowspan="3">使用字段</td><td>PumpState</td><td>1—只用源水泵 1
2—只用源水泵 2
3—源水泵 1、2 双泵交替
4—备用</td></tr>
<tr><td>ExeRtn</td><td>请求执行结果</td></tr>
<tr><td>QnRtn</td><td>请求返回结果</td></tr>
<tr><td>执行过程</td><td colspan="2"></td></tr>
<tr><td>说明</td><td colspan="2">必须在待机状态下远程才可以执行该反控命令</td></tr>
</table>

表 B-52 远程控制泵（3058）

<table>
<tr><th>类别</th><th colspan="2">项目</th><th>示例/说明</th></tr>
<tr><td rowspan="3">使用命令</td><td>上位机</td><td>运行系统</td><td>QN=20101108154741039；ST=21；CN=3058；PW=123456；MN=A110000_0001；Flag=9；CP=&&Pump1=0；Pump2=1；Pump3=1&&</td></tr>
<tr><td>数采仪</td><td>返回请求应答</td><td>QN=20101108154741039；ST=91；CN=9011；PW=123456；MN=A110000_0001；Flag=8；CP=&&QnRtn=1&&</td></tr>
<tr><td>数采仪</td><td>返回执行结果</td><td>QN=20101108154741039；ST=91；CN=9012；PW=123456；MN=A110000_0001；Flag=8；CP=&&ExeRtn=1&&</td></tr>
<tr><td rowspan="3">使用字段</td><td colspan="2">PumpX</td><td>0 为关闭，1 为打开</td></tr>
<tr><td colspan="2">QnRtn</td><td>请求返回结果</td></tr>
<tr><td colspan="2">ExeRtn</td><td>请求执行结果</td></tr>
<tr><td>执行过程</td><td colspan="3"></td></tr>
<tr><td>说明</td><td colspan="3">必须在待机状态下远程才可以执行该反控命令</td></tr>
</table>

表 B-53 远程控制阀门（3059）

<table>
<tr><th>类别</th><th colspan="2">项目</th><th>示例/说明</th></tr>
<tr><td rowspan="3">使用命令</td><td>上位机</td><td>远程控制阀门命令</td><td>QN=20101108154741039；ST=21；CN=3059；PW=123456；MN=A110000_0001；Flag=9；CP=&&Valve1=0；Valve2=1；Valve3=1&&2637</td></tr>
<tr><td>数采仪</td><td>返回请求应答</td><td>QN=20101108154741039；ST=91；CN=9011；PW=123456；MN=A110000_0001；Flag=8；CP=&&QnRtn=1&&</td></tr>
<tr><td>数采仪</td><td>返回执行结果</td><td>QN=20101108154741039；ST=91；CN=9012；PW=123456；MN=A110000_0001；Flag=8；CP=&&ExeRtn=1&&</td></tr>
<tr><td rowspan="4">使用字段</td><td colspan="2">ValveX</td><td>0 为关闭，1 为打开</td></tr>
<tr><td colspan="2">QN</td><td>请求编号</td></tr>
<tr><td colspan="2">QnRtn</td><td>请求返回结果</td></tr>
<tr><td colspan="2">ExeRtn</td><td>请求执行结果</td></tr>
<tr><td>执行过程</td><td colspan="3"></td></tr>
<tr><td>说明</td><td colspan="3">必须在待机状态下远程才可以执行该反控命令</td></tr>
</table>

表 B-54 远程设置系统采样时间（3060）

类别	项目		示例/说明
使用命令	上位机	设置采水时长	QN=20101108135153914；ST=21；CN=3060；PW=123456；MN=A110000_0001；Flag=9；CP=&&Time=300&&
	数采仪	返回请求应答	QN=20101108135153914；ST=91；CN=9011；PW=123456；MN=A110000_0001；Flag=8；CP=&&QnRtn=1&&
	数采仪	返回执行结果	QN=20101108135153914；ST=91；CN=9012；PW=123456；MN=A110000_0001；Flag=8；CP=&&ExeRtn=1&&
使用字段	QN		请求编号
	QnRtn		请求返回结果
	ExeRtn		请求执行结果
	Time		设置系统打水采样时间，单位为 s
执行过程	上位机发送设置数采仪时间命令后等待数采仪应答，上位机收到应答后通过判断应答代码中 QnRtn 值决定是否等待执行结果，数采仪执行设置时钟请求，返回执行结束命令，请求执行完毕		
说明	必须在待机状态下远程才可以执行该反控命令		

表 B-55 远程设置系统进样时间（3061）

类别	项目		示例/说明
使用命令	上位机	设置进样时长	QN=20101108135153914；ST=21；CN=3061；PW=123456；MN=A110000_0001；Flag=9；CP=&&Time=300&&
	数采仪	返回请求应答	QN=20101108135153914；ST=91；CN=9011；PW=123456；MN=A110000_0001；Flag=8；CP=&&QnRtn=1&&
	数采仪	返回执行结果	QN=20101108135153914；ST=91；CN=9012；PW=123456；MN=A110000_0001；Flag=8；CP=&&ExeRtn=1&&
使用字段	QN		请求编号
	QnRtn		请求返回结果
	ExeRtn		请求执行结果
	Time		设置系统进样时间，单位为 s
执行过程	上位机发送设置数采仪时间命令后等待数采仪应答，上位机收到应答后通过判断应答代码中 QnRtn 值决定是否等待执行结果，数采仪执行设置时钟请求，返回执行结束命令，请求执行完毕		
说明	必须在待机状态下远程才可以执行该反控命令		

表 B-56 远程设置系统清洗外管路时间（3062）

类别	项目		示例/说明
使用命令	上位机	设置清洗外管路时长	QN=20101108135153914；ST=21；CN=3062；PW=123456；MN=A110000_0001；Flag=9；CP=&&Time=300&&
	数采仪	返回请求应答	QN=20101108135153914；ST=91；CN=9011；PW=123456；MN=A110000_0001；Flag=8；CP=&&QnRtn=1&&
	数采仪	返回执行结果	QN=20101108135153914；ST=91；CN=9012；PW=123456；MN=A110000_0001；Flag=8；CP=&&ExeRtn=1&&

类别	项目	示例/说明
使用字段	QN	请求编号
	QnRtn	请求返回结果
	RunInterval	系统运行测试时间间隔（默认为 4 h/次）
	ExeRtn	请求执行结果
	Time	设置系统清洗外管路时间，单位为 s
执行过程	上位机发送设置数采仪时间命令后等待数采仪应答，上位机收到应答后通过判断应答代码中 QnRtn 值决定是否等待执行结果，数采仪执行设置时钟请求，返回执行结束命令，请求执行完毕	
说明	必须在待机状态下远程才可以执行该反控命令	

表 B-57　远程设置系统清洗内管路时间（3063）

类别	项目		示例/说明
使用命令	上位机	设置清洗内管路时长	QN=20101108135153914；ST=21；CN=3063；PW=123456；MN=A110000_0001；Flag=9；CP=&&Time=300&&
	数采仪	返回请求应答	QN=20101108135153914；ST=91；CN=9011；PW=123456；MN=A110000_0001；Flag=8；CP=&&QnRtn=1&&
	数采仪	返回执行结果	QN=20101108135153914；ST=91；CN=9012；PW=123456；MN=A110000_0001；Flag=8；CP=&&ExeRtn=1&&
使用字段	QN		请求编号
	QnRtn		请求返回结果
	ExeRtn		请求执行结果
	Time		设置系统清洗内管路时间，单位为 s
执行过程	上位机发送设置数采仪时间命令后等待数采仪应答，上位机收到应答后通过判断应答代码中 QnRtn 值决定是否等待执行结果，数采仪执行设置时钟请求，返回执行结束命令，请求执行完毕		
说明	必须在待机状态下远程才可以执行该反控命令		

表 B-58　远程设置系统清洗预处理时间（3064）

类别	项目		示例/说明
使用命令	上位机	设置清洗预处理时长	QN=20101108135153914；ST=21；CN=3064；PW=123456；MN=A110000_0001；Flag=9；CP=&&Time=300&&
	数采仪	返回请求应答	QN=20101108135153914；ST=91；CN=9011；PW=123456；MN=A110000_0001；Flag=8；CP=&&QnRtn=1&&
		返回执行结果	QN=20101108135153914；ST=91；CN=9012；PW=123456；MN=A110000_0001；Flag=8；CP=&&ExeRtn=1&&
使用字段	QN		请求编号
	QnRtn		请求返回结果
	ExeRtn		请求执行结果
	Time		设置系统清洗预处理时间，单位为 s
执行过程	上位机发送设置数采仪时间命令后等待数采仪应答，上位机收到应答后通过判断应答代码中 QnRtn 值决定是否等待执行结果，数采仪执行设置时钟请求，返回执行结束命令，请求执行完毕		
说明	必须在待机状态下远程才可以执行该反控命令		

表 B-59 远程设置系统测量分析时间（3065）

类别	项目		示例/说明
使用命令	上位机	设置系统测量分析时长	QN=20101108135153914；ST=21；CN=3065；PW=123456；MN=A110000_0001；Flag=9；CP=&&Time=1800&&
	数采仪	返回请求应答	QN=20101108135153914；ST=91；CN=9011；PW=123456；MN=A110000_0001；Flag=8；CP=&&QnRtn=1&&
	数采仪	返回执行结果	QN=20101108135153914；ST=91；CN=9012；PW=123456；MN=A110000_0001；Flag=8；CP=&&ExeRtn=1&&
使用字段	QN		请求编号
	QnRtn		请求返回结果
	ExeRtn		请求执行结果
	Time		设置系统测量分析时间，单位为 s
执行过程	上位机发送设置数采仪时间命令后等待数采仪应答，上位机收到应答后通过判断应答代码中 QnRtn 值决定是否等待执行结果，数采仪执行设置时钟请求，返回执行结束命令，请求执行完毕		
说明	必须在待机状态下远程才可以执行该反控命令		

表 B-60 远程设置系统补水时间（3066）

类别	项目		示例/说明
使用命令	上位机	设置系统补水时长	QN=20101108135153914；ST=21；CN=3066；PW=123456；MN=A110000_0001；Flag=9；CP=&&Time=120&&
	数采仪	返回请求应答	QN=20101108135153914；ST=91；CN=9011；PW=123456；MN=A110000_0001；Flag=8；CP=&&QnRtn=1&&
		返回执行结果	QN=20101108135153914；ST=91；CN=9012；PW=123456；MN=A110000_0001；Flag=8；CP=&&ExeRtn=1&&
使用字段	QN		请求编号
	QnRtn		请求返回结果
	ExeRtn		请求执行结果
	Time		设置系统补水时间，单位为 s
执行过程	上位机发送设置数采仪时间命令后等待数采仪应答，上位机收到应答后通过判断应答代码中 QnRtn 值决定是否等待执行结果，数采仪执行设置时钟请求，返回执行结束命令，请求执行完毕		
说明	必须在待机状态下远程才可以执行该反控命令		

表 B-61 启动单台仪表标液核查（3080）

类别	项目		示例/说明
使用命令	上位机	启动单表标液核查	QN=20101108135153914；ST=21；CN=3080；PW=123456；MN=A110000_0001；Flag=9；CP=&&PolId=w01018&&
	数采仪	返回请求应答	QN=20101108135153914；ST=91；CN=9011；PW=123456；MN=A110000_0001；Flag=8；CP=&&QnRtn=1&&
	数采仪	返回执行结果	QN=20101108135153914；ST=91；CN=9012；PW=123456；MN=A110000_0001；Flag=8；CP=&&ExeRtn=1&&

类别	项目	示例/说明
使用字段	QN	请求编号
	QnRtn	请求返回结果
	PolId	在线监控（监测）仪器仪表对应监测指标编码
	ExeRtn	请求执行结果
执行过程		
说明	必须在待机状态下远程才可以执行该反控命令	

表 B-62 启动单台仪表加标回收（3081）

类别	项目		示例/说明
使用命令	上位机	启动单表加标回收	QN=20101108135153914；ST=21；CN=3081；PW=123456；MN=A110000_0001；Flag=9；CP=&&PolId=w01018；Volume=0.2&&
	数采仪	返回请求应答	QN=20101108135153914；ST=91；CN=9011；PW=123456；MN=A110000_0001；Flag=8；CP=&&QnRtn=1&&
	数采仪	返回执行结果	QN=20101108135153914；ST=91；CN=9012；PW=123456；MN=A110000_0001；Flag=8；CP=&&ExeRtn=1&&
使用字段	QN		请求编号
	QnRtn		请求返回结果
	PolId		在线监控（监测）仪器仪表对应监测指标编码
	Volume		加标体积，单位 ml；如 Volume=0，则为动态加标
	ExeRtn		请求执行结果
执行过程			
说明	必须在待机状态下远程才可以执行该反控命令		

表 B-63 启动单台仪表平行样测试（3082）

类别	项目		示例/说明
使用命令	上位机	启动单表平行样测试	QN=20101108135153914；ST=21；CN=3082；PW=123456；MN=A110000_0001；Flag=9；CP=&&PolId=w01018&&
	数采仪	返回请求应答	QN=20040516010101001；ST=91；CN=9011；PW=123456；MN=A110000_0001；Flag=8；CP=&&QnRtn=1&&
	数采仪	返回执行结果	QN=20040516010101001；ST=91；CN=9012；PW=123456；MN=A110000_0001；Flag=8；CP=&&ExeRtn=1&&
使用字段	QN		请求编号
	QnRtn		请求返回结果
	PolId		在线监控（监测）仪器仪表对应监测指标编码
	ExeRtn		请求执行结果
执行过程			
说明	必须在待机状态下远程才可以执行该反控命令		

表 B-64 启动单台仪表零点核查（3083）

类别	项目		示例/说明
使用命令	上位机	启动单台仪表零点核查	QN=20101108135153914；ST=21；CN=3083；PW=123456；MN=A110000_0001；Flag=9；CP=&&PolId=w01018&&
	数采仪	返回请求应答	QN=20101108135153914；ST=91；CN=9011；PW=123456；MN=A110000_0001；Flag=8；CP=&&QnRtn=1&&
	数采仪	返回执行结果	QN=20101108135153914；ST=91；CN=9012；PW=123456；MN=A110000_0001；Flag=8；CP=&&ExeRtn=1&&
使用字段	QN		请求编号
	QnRtn		请求返回结果
	PolId		在线监控（监测）仪器仪表对应监测指标编码
	ExeRtn		请求执行结果
执行过程			
说明	必须在待机状态下远程才可以执行该反控命令		

表 B-65 启动单台仪表跨度核查（3084）

类别	项目		示例/说明
使用命令	上位机	启动单台仪表跨度核查	QN=20101108135153914；ST=21；CN=3084；PW=123456；MN=A110000_0001；Flag=9；CP=&&PolId=w01018&&
	数采仪	返回请求应答	QN=20101108135153914；ST=91；CN=9011；PW=123456；MN=A110000_0001；Flag=8；CP=&&QnRtn=1&&
	数采仪	返回执行结果	QN=20101108135153914；ST=91；CN=9012；PW=123456；MN=A110000_0001；Flag=8；CP=&&ExeRtn=1&&
使用字段	QN		请求编号
	QnRtn		请求返回结果
	PolId		在线监控（监测）仪器仪表对应监测指标编码
	ExeRtn		请求执行结果
执行过程			
说明	必须在待机状态下远程才可以执行该反控命令		

表 B-66 启动单台仪表空白校准（3085）

类别	项目		示例/说明
使用命令	上位机	启动单台仪表执行空白校准	QN=20101108135153914；ST=21；CN=3085；PW=123456；MN=A110000_0001；Flag=9；CP=&&PolId=w01018&&
	数采仪	返回请求应答	QN=20101108135153914；ST=91；CN=9011；PW=123456；MN=A110000_0001；Flag=8；CP=&&QnRtn=1&&
	数采仪	返回执行结果	QN=20101108135153914；ST=91；CN=9012；PW=123456；MN=A110000_0001；Flag=8；CP=&&ExeRtn=1&&

类别	项目	示例/说明
使用字段	QN	请求编号
	QnRtn	请求返回结果
	PolId	在线监控（监测）仪器仪表对应监测指标编码
	ExeRtn	请求执行结果
执行过程		
说明	必须在待机状态下远程才可以执行该反控命令	

表 B-67 启动单台仪表标样校准（3086）

类别	项目		示例/说明
使用命令	上位机	启动单台仪表执行标样校准	QN=20101108135153914；ST=21；CN=3086；PW=123456；MN=A110000_0001；Flag=9；CP=&&PolId=w01018&&
	数采仪	返回请求应答	QN=20101108135153914；ST=91；CN=9011；PW=123456；MN=A110000_0001；Flag=8；CP=&&QnRtn=1&&
	数采仪	返回执行结果	QN=20101108135153914；ST=91；CN=9012；PW=123456；MN=A110000_0001；Flag=8；CP=&&ExeRtn=1&&
使用字段	QN		请求编号
	QnRtn		请求返回结果
	PolId		在线监控（监测）仪器仪表对应监测指标编码
	ExeRtn		请求执行结果
执行过程			
说明	必须在待机状态下远程才可以执行该反控命令		

国家地表水自动监测仪器通信协议技术要求

1 适用范围

本协议要求适用于地表水自动监测站点现场的数据采集传输仪与在线监测仪器之间的数据通信，规定了通信过程及数据命令的格式，给出了代码定义，本协议要求允许扩展，但扩展内容时不得与本协议要求中所使用或保留的控制命令相冲突。

2 规范性引用文件

本协议要求内容引用了下列文件中的条款。凡是未注日期的引用文件，其有效版本适用于本协议要求。

HJ 212—2017 污染物在线监控（监测）系统数据传输标准

GB/T 19582—2008 基于 Modbus 协议的工业自动化网络规范

3 术语和定义

下列术语和定义适用于本协议要求。

3.1 在线监测仪器（online monitoring instrument）

在线监测仪器是安装在地表水自动监测点现场，用于监测地表水环境质量的设备，包括监控（监测）仪器、流量（速）计等。

3.2 数据采集传输仪（data acquisition and transmission instrument）

采集各种类型监控仪器仪表的数据、完成数据存储及与上位机数据传输通信功能的单片机、工控机、嵌入式计算机、可编程自动化控制器（PLC）或可编程控制器，以下简称数采仪或基站。

3.3 常规五参数（conventional five parameters）

地表水水质监测中的五项常规项目：水温、pH、溶解氧、电导率和浊度。

3.4 过程值（process value）

参与曲线方程计算的数值，如吸光度、步数、ml、秒。

4 系统结构

在线监测仪器与数采仪之间通信协议采用 Modbus RTU 标准，数采仪作为 Modbus 主机，每台在线监测仪器作为 Modbus 从机。

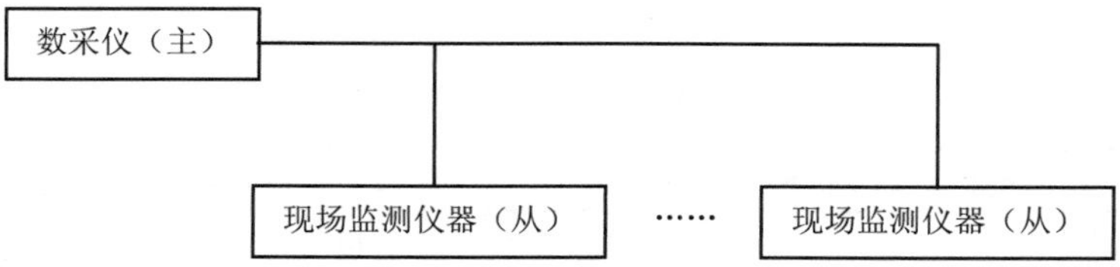

图 1 Modbus 主从通信系统结构

协议适用接口描述：

（1）适用于 RS-485 通信接口通信；

（2）每个 RS-485 接口可以同时连接多个在线监测仪器；

（3）适用于 RS-232 通信接口通信；

（4）也可扩展用于 TCP/IP 通信方式；

（5）注意扩展用于 TCP/IP 通信方式情况下不是采用 Modbus TCP，而是 Modbus RTU 直接承载在 TCP/IP 上。

5 协议层次

在线监测仪器与数采仪之间通信协议采用 Modbus RTU 标准，可承载在多种通信接口上。

Modbus RTU		
RS-232	RS-485	TCP/IP

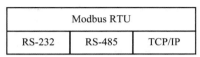

图 2 Modbus RTU 协议层次图

6 通信协议

在线监测仪器与数采仪之间通信协议采用 Modbus RTU 标准，通过 Modbus 寄存器定义通信数据内容。

6.1　Modbus RTU

6.1.1　报文帧结构

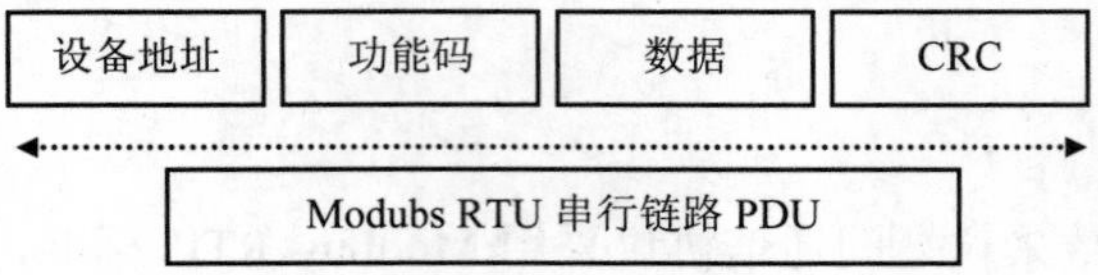

图 3　Modbus RTU 串行链路 PDU

表 1　Modbus 报文结构表

名称	类型	长度（字节）	描述
设备地址	BYTE	1	对应仪器中的设备地址，用于区分挂在同一个 485 总线下不同在线监测仪器。取值范围 1～247
功能码	BYTE	1	功能码定义见 6.1.2
数据	BYTE[n]	N	变长数据，伴随功能码、应答模式不同而不同
CRC	WORD	2	Modbus CRC16 校验结果

6.1.2　功能码定义

表 2　Modbus 功能码定义表

代码	功能	数据类型	备注
0x03	读	整形、浮点、字符	读多个寄存器
0x10	写	整形、浮点、字符	写多个寄存器

6.1.3　报文应答格式

6.1.3.1　功能码（0x03）读

主机请求：

设备地址	功能码	寄存器地址	寄存器数量	CRCH	CRCL
1B	1B	2B	2B	1B	1B

设备地址：主控板地址，为 0x01-0xF7 可选；

功能码：为 0x03；

寄存器地址：要读取数据的存放开始地址；

寄存器数量：要读取的寄存器的个数；

从机应答：

设备地址	功能码	数据字节数	数据	CRCH	CRCL
1B	1B	1B	…	1B	1B

设备地址：下位机地址，为 0x01-0xF7 可选；

功能码：为 0x03；

数据字节数：寄存器数量×2；

数据：N =（寄存器数量×2）BYTE。

错误应答：

设备地址（1BYTE）+出错功能码+错误类型（1BYTE）+CRC 校验

注意出错功能码是功能码 BYTE 最高位取反得到。如 0x03 出错功能码为 0x83

错误类型：

01 非法功能

02 非法数据地址

03 非法数据值

04 从站设备故障

05 确认

06 从属设备忙

注：以上错误类型为 Modbus RTU 标准含义。

示例：

读取命令：

01 03　00 00 00 02 C4 0B （设备地址 01）

02 03　00 00 00 02 C4 38 （设备地址 02）

其中设备地址（01）+功能码（03）+寄存器起始地址（00 00）+寄存器数量（00 02 即指数据长度为 2 个字）+CRC 校验（C4 0B）

应答报文：

01 03 04 41 CB 42 B7 EF 27

设备地址（01）+ 功能码（03）+数据字节数（04）+ 读取数据（实际为 16 进制数 42 B7 41 CB 对应的浮点型数据为 91.63）+ CRC 校验（EF 27）。

6.1.3.2 功能码（0x10）写

主机请求：

设备地址	功能码	寄存器地址	寄存器数量	字节数	DATA	CRCH	CRCL
1B	1B	2B	2B	1B	...	1B	1B

设备地址：主控板地址，为 0x01-0xF7 可选；

功能码：为 0x10；

寄存器地址：要读取数据的存放开始地址；

寄存器数量：要写入寄存器的个数；

字节数：写入数据的字节数；

数据：要写入的数据；

注意如写一个寄存器，则寄存器数量为 1，字节数为 2，数据为一个 WORD。

从机应答：

设备地址	功能码	寄存器地址	寄存器数量	CRCH	CRCL
1B	1B	2B	2B	1B	1B

示例：

主机发送：01 10 00 6B 00 02 04 00 0F 06 08　86 51

从机回复：01 10 00 6B 00 02 30 14

错误应答：设备地址（1BYTE）+出错功能码+错误类型（1BYTE）+CRC 校验

注意出错功能码是功能码 BYTE 最高位取反得到。例如 0x03 出错功能码为 0x83

错误类型：

01 非法功能

02 非法数据地址

03 非法数据值

04 从站设备故障

05 确认

06 从站设备忙

注：以上错误类型为 Modbus RTU 标准含义。

6.1.4 应用规约

表 3 Modbus 数据类型定义表

数据类型	描述及要求
BYTE	无符号单字节整型（字节，8 位）
WORD	无符号 2 字节整型（字，16 位）
DWORD	无符号 4 字节整型（双字，32 位）
FLOAT	4 字节浮点数型（字节，32 位）IEEE 754 标准
DOUBLE	8 字节浮点数型（字节，64 位）
BYTE[n]	N 字节
STRING	GBK 编码，采用 0 终结符，若无数据，则放一个 0 终结符
CHAR[n]	N 个字符，ASCII
DATE	日期类型 6 字节 年（BYTE）- 月（BYTE）- 日（BYTE）- 时（BYTE）- 分（BYTE）- 秒（BYTE） 其中：年=byte+2000，月：1—12，日：1—31，时：0—23，分：0—59，秒：0—59 数值格式：BCD 码

数据字节序定义：

协议采用大端模式（big-endian）来传递 WORD、DWORD、FLOAT、DOUBLE。

对于 DWORD、FLOAT、DOUBLE，字间顺序按照小端模式（little-endian）排列。

6.2 数据内容定义

表 4 仪器数据内容分类表

分类	名称	描述
基本参数	工作状态	仪器当前工作状态
	测量模式	仪器当前测试模式
	测量数据	包括测量数值、数据时间、数据标识
	告警信息	仪器部件、分析系统、预处理告警等
	故障信息	仪器故障
管控信息	关键参数	包括设定参数（如消解时长）、运行参数（如斜率、截距）
远程控制	控制命令	水样测试、标样核查、零点核查、跨度核查等

6.2.1 工作状态

仪器工作状态：仪表当前的测量工作状态，编码和控制命令编码一样。

表5 仪器工作状态定义表

编码	描述	备注
0	空闲	
1	水样测试	
2	标样核查	
3	零点核查	测量结果与水样测试分开寄存器输出
4	跨度核查	测量结果与水样测试分开寄存器输出
5	空白测试	测量结果与水样测试分开寄存器输出
6	平行样测试	测量结果与水样测试分开寄存器输出
7	加标回收	测量结果与水样测试分开寄存器输出
8	空白校准	
9	标样校准	
10	初始化（清洗）	
19	标定	
…	可扩展	

6.2.2 测量数据

表6 仪器测量数据内容定义表

编号	名称	备注
1	因子编码	编码规则，取国家地表水自动监测系统通信协议协议要求因子编码后五位整数
2	测量数值单位	见附表B-3单位编码
3	数据时间	测量启动时间
4	测量数值	见附表，数据修约规则表
5	数据标识	见附表，单位标识表

6.2.3 控制命令

表7 控制命令定义表

编码	名称	参数个数	参数说明	备注
1	启动测量	无		
2	标样核查	无		
3	零点核查	无		
4	跨度核查	无		

编码	名称	参数个数	参数说明	备注
5	空白测试	无		
6	平行样测试	无		
7	加标回收	无		
8	空白校准	无		
9	标样校准	无		
10	初始化（清洗）	无		
11	停止测试	无		
12	仪器重启	无		重启仪器系统
13	校时	3 个寄存器	DATE 类型： 数据格式 BCD 码	如：2017-01-01 00：00：00 表示为 170101000000
14	模式设置	1 个寄存器	WORD 类型： 1. 连续模式 2. 周期模式 3. 定点模式 4. 受控模式 5. 手动模式	1. 连续模式：仪器自动 24 h 不间断测试水样； 2. 周期模式：按设置好的时间间隔自动测试水样； 3. 定点模式：整点测试； 4. 受控模式：接受外部基站或数采仪反控； 5. 手动模式：维护模式，不会自动测试，也不接外部控制命令
15	测量间隔设置	1 个寄存器	WORD 类型： 单位：min	X≥30 min，周期模式有效
16	零点核查间隔设置	1 个寄存器	WORD 类型： 单位：min	X≥30 min，周期模式有效
17	跨度核查间隔设置	1 个寄存器	WORD 类型： 单位：min	X≥30 min，周期模式有效
18	标样核查间隔设置	1 个寄存器	WORD 类型： 单位：min	X≥30 min，周期模式有效
……				

注：测量间隔设置、零点核查间隔设置、跨度核查间隔设置等均是在仪器工作模式设置为周期模式情况下才会自动测试的，否则无效，例如，如果是受控模式，则仪器仅会接受基站的反控命令工作。常规五参数比较特殊，可以不实现反控以及标定间隔设置、测量间隔设置、核查间隔设置、测量模式设置。

6.2.4 管控信息

管控信息包括关键参数、反馈状态、告警信息。考虑不同类型仪器之间差异、不同厂家同类分析仪分析方法差异，管控信息按照仪器类别＋国标行标分析方法来分类定义管控信息基本内容，并允许各个厂家根据自身特点扩展差异部分，但扩展内容不应与管控信息基本内容定义相冲突。对于没有采用国标行标分析方法的仪器，允许厂家进行单独定义和扩展。

表8 地表水常见9种参数仪器的分析方法表

<table>
<tr><th colspan="2">参数名称</th><th colspan="2">测量方法</th><th>测量方法标准</th><th>仪表技术规范</th></tr>
<tr><td rowspan="6">常规五参数</td><td>pH</td><td colspan="2">pH 玻璃电极</td><td>GB 13195—91</td><td rowspan="2">HJ/T 96—2003</td></tr>
<tr><td>水温</td><td colspan="2">温度传感器法</td><td>GB 6920—86</td></tr>
<tr><td rowspan="2">溶解氧</td><td colspan="2">电化学探头法</td><td rowspan="2">HJ 506—2009</td><td rowspan="2">HJ/T 99—2003</td></tr>
<tr><td colspan="2">荧光法</td></tr>
<tr><td>电导率</td><td colspan="2">电极法</td><td>《水和废水监测分析方法》（第四版）</td><td>HJ/T 97—2003</td></tr>
<tr><td>浊度</td><td colspan="2">光散射法</td><td>《水和废水监测分析方法》（第四版）</td><td>HJ/T 98—2003</td></tr>
<tr><td colspan="2">总磷</td><td colspan="2">过硫酸钾消解-钼酸铵光度法</td><td>GB 11893—89</td><td>HJ/T 103—2003</td></tr>
<tr><td colspan="2">总氮</td><td colspan="2">碱性过硫酸钾消解紫外分光光度法</td><td>GB 11894—89
HJ 636—2012</td><td>HJ/T 102—2003</td></tr>
<tr><td colspan="2" rowspan="6">高锰酸盐指数</td><td rowspan="3">高锰酸钾酸性氧化法</td><td>ORP 电极电位-滴定法</td><td rowspan="3">GB 11892—89</td><td rowspan="6">HJ/T 100—2003</td></tr>
<tr><td>吸光度-滴定法</td></tr>
<tr><td>直接分光光度法</td></tr>
<tr><td rowspan="3">高锰酸钾碱性氧化法</td><td>ORP 电极-滴定法</td><td rowspan="3">GB 17378.4—2007</td></tr>
<tr><td>吸光度-滴定法</td></tr>
<tr><td>直接分光光度法</td></tr>
<tr><td colspan="2" rowspan="4">氨氮</td><td rowspan="3">光度法</td><td>纳氏试剂光度法</td><td>HJ 535—2009</td><td rowspan="4">HJC-ZY—2009</td></tr>
<tr><td>水杨酸光度法</td><td>HJ 536—2009</td></tr>
<tr><td>蒸馏逐出比色法</td><td>HJ 537—2009</td></tr>
<tr><td>电极法</td><td>离子选择电极法</td><td>HZ-HJ-SZ-0136</td></tr>
</table>

6.2.4.1 高锰酸盐指数、氨氮、总磷、总氮

表9 监测项目关键参数表

名称	数据类型	单位	适用范围
测量精度	16 位整型	无	通用
消解温度	16 位整型	℃	通用
消解时间	16 位整型	min	通用
量程下限	32 位浮点	与测量单位一致	通用
量程上限	32 位浮点	与测量单位一致	通用
曲线斜率 k	32 位浮点	无	通用
曲线截距 b	32 位浮点	无	通用
标定日期	Date 类型	Date 类型	通用
标液一浓度	32 位浮点	与测量单位一致	通用
标液一过程值	32 位浮点	无	通用
标液二浓度	32 位浮点	与测量单位一致	通用
标液二过程值	32 位浮点	无	通用

名称	数据类型	单位	适用范围
标液三浓度	32 位浮点	与测量单位一致	扩展
标液三过程值	32 位浮点	无	扩展
标液四浓度	32 位浮点	与测量单位一致	扩展
标液四过程值	32 位浮点	无	扩展
标液五浓度	32 位浮点	与测量单位一致	扩展
标液五过程值	32 位浮点	无	扩展
线性相关系数（R 或 R^2）	32 位浮点	无	通用
试剂余量	32 位整型	%	扩展（前 16 位试剂编号，后 16 位余量）
测量过程值	32 位浮点	无	通用
空白校准时间	Date 类型	Date 类型	通用
标准样校准时间	Date 类型	Date 类型	通用
检出限值	32 位浮点	与测量单位一致	通用
校准系数	32 位浮点	无	扩展，固定 0.95～1.05，一般为 1.0
设备序列号	WORD[6]	无	通用
二次多项式系数	32 位浮点	无	扩展
空白标定过程值	32 位浮点	无	扩展
空白校准过程值	32 位浮点	无	扩展
标样校准参考值	32 位浮点	与测量单位一致	扩展
标样校准过程值	32 位浮点	无	扩展
显色温度	16 位整型	℃	扩展
显色时间	16 位整型	min	扩展

注：以上针对方法一列中，通用表示针对除常规五参数以外所有分析方法，扩展表示非通用或扩展功能关联的参数，以下表格中同此含义。

表 10　告警信息表

告警码	描述	适用范围
0	无告警	通用
1	缺试剂告警	通用
2	缺水样告警	通用
3	缺蒸馏水告警	通用
4	缺标液告警	通用
5	仪表漏液告警	扩展
6	标定异常告警	扩展
7	超量程告警	通用
8	加热异常	通用
9	低试剂预警	扩展
10	超上限告警	通用
11	超下限告警	通用
12	仪表内部其他异常	通用
13	滴定异常告警	通用（滴定法独有）
14	电极异常告警	通用（ORP 电位滴定法独有）

告警码	描述	适用范围
15	量程切换告警	扩展
16	参数设置告警	扩展
17	PH 电极电位异常	扩展（五参数）
18	电导率电极异常	扩展（五参数）
19	浊度光度异常	扩展（五参数）
20	溶解氧电极异常	扩展（电化学探头法独有）
21	溶解氧光强异常	扩展（荧光法独有）
可扩展		

表 11　故障信息表

故障码	描述	适用范围
0	无故障	
1	电机故障	通用
2	温度故障	通用
3	通信故障	通用
4	滴定故障	通用
可扩展		

6.2.4.2　常规五参数

表 12　常规五参数关键参数表

名称	数据类型	单位	适用范围
测量精度	WORD	无	通用
pH 量程下限	32 位浮点	无	扩展
pH 量程上限	32 位浮点	无	扩展
溶解氧量程下限	32 位浮点	mg/L	扩展
溶解氧量程上限	32 位浮点	mg/L	扩展
电导率量程下限	32 位浮点	μS/cm	扩展
电导率量程上限	32 位浮点	μS/cm	扩展
浊度量程下限	32 位浮点	NTU	扩展
浊度量程上限	32 位浮点	NTU	扩展
pH 电极电位	32 位浮点	见寄存器定义表	扩展
溶解氧电极电位	32 位浮点	见寄存器定义表	扩展（电化学探头法独有）
溶解氧荧光强度	32 位浮点	见寄存器定义表	扩展（荧光法独有）
电导率电极电位	32 位浮点	见寄存器定义表	扩展
浊度散光量	32 位浮点	见寄存器定义表	扩展
设备序列号	WORD[6]	无	扩展

6.2.4.3 其他因子参数

参照上述监测因子，进行相应扩展。

6.3 寄存器定义

表 13 寄存器地址区间划表

区间名称	开始地址偏移	结束地址偏移	寄存器数量	描述
测量数据区	0x1000	0x107F	128	测量数据区
状态告警区	0x1080	0x109F	32	工作状态、告警、故障等
关键参数区	0x10A0	0x10FE	95	关键参数、反馈状态
控制命令区	0x1200		1+*n*	控制命令 1+命令参数 *n*

考虑到有仪器集成多个监测因子时（如集成总磷总氮、集成总磷氨氮），每个参数分配一个 Modbus 地址来区分即可，这样每个参数的测量数据区的寄存器地址都是相同的，不用考虑通道偏移问题，而且也不受通道的限制。

6.3.1 测量数据区

表 14 测量数据区寄存器定义表

区间名称	寄存器偏移	数据类型	寄存器描述	读写	备注
测量数据区	0x1000～0x1001	DWORD	因子编码	R	整型
	0x1002	WORD	单位	R	
	0x1003～0x1004	FLOAT	标样参考值	R	
	0x1005～0x1007	DATE	水样数据时间	R	
	0x1008～0x1009	FLOAT	水样实测值	R	
	0x100A～0x100F	CHAR[12]	水样数据标识	R	
	0x1010～0x1012	DATE	标样数据时间	R	
	0x1013～0x1014	FLOAT	标样实测值	R	
	0x1015～0x101A	CHAR[12]	标样数据标识	R	
	0x101B～0x101D	DATE	空白数据时间	R	
	0x101E～0x101F	FLOAT	空白实测值	R	
	0x1020～0x1025	CHAR[12]	空白数据标识	R	
	0x1026～0x1028	DATE	零点核查数据时间	R	
	0x1029～0x102A	FLOAT	零点核查实测值	R	
	0x102B～0x1030	CHAR[12]	零点核查数据标识	R	
	0x1031～0x1033	DATE	跨度核查数据时间	R	
	0x1034～0x1035	FLOAT	跨度核查实测值	R	

区间名称	寄存器偏移	数据类型	寄存器描述	读写	备注
测量数据区	0x1036～0x103B	CHAR[12]	跨度核查数据标识	R	
	0x103C～0x103E	DATE	加标回收数据时间	R	
	0x103F～0x1040	FLOAT	加标回收实测值	R	
	0x1041～0x1046	CHAR[12]	加标回收数据标识	R	
	0x1047～0x1049	DATE	平行样数据时间	R	
	0x104A～0x104B	FLOAT	平行样实测值	R	
	0x104C～0x1051	CHAR[12]	平行样数据标识	R	
	0x1052～0x107F			R	预留

6.3.2 状态告警区

表 15 状态告警区寄存器定义表

区间名称	寄存器偏移	数据类型	寄存器描述	读写	备注
状态告警区	0x1080 0x1081 0x1082	DATE	系统时间	R	仪器系统时间
	0x1083	WORD	工作状态	R	同命令编码一致
	0x1084	WORD	测量模式	R	1 连续模式 2 周期模式 3 定点模式 4 受控模式 5 手动模式
	0x1085	WORD	告警代码	R	
	0x1086	WORD	故障代码	R	
	0x1087	WORD	日志代码	R	自定义
	0x1088	WORD	软件版本	R	
	0x1089	WORD	测量间隔	R	min
	0x108A	WORD	零点核查间隔	R	min
	0x108B	WORD	跨度核查间隔	R	min
	0x108C	WORD	标样核查间隔	R	min
	0x108D 0x108E	FLOAT	消解池实时温度	R	扩展，单位：℃
	0x108F 0x1090	FLOAT	混样池实时温度	R	扩展，单位：℃
	0x1091-0x109F			R	预留

6.3.3 关键参数区

表 16 关键参数区寄存器定义表

名称	寄存器偏移	数据类型	寄存器描述	读写	备注
关键参数	0x10A0	WORD	测量精度	R	小数位数
	0x10A1	WORD	消解温度	R	单位：℃
	0x10A2	WORD	消解时长	R	单位：min
	0x10A3	FLOAT	量程下限	R	
	0x10A4			R	
	0x10A5	FLOAT	量程上限	R	
	0x10A6			R	
	0x10A7	FLOAT	曲线斜率 k	R	
	0x10A8			R	
	0x10A9	FLOAT	曲线截距 b	R	
	0x10AA			R	
	0x10AB	DATE	标定日期	R	
	0x10AC			R	
	0x10AD			R	
	0x10AE	FLOAT	标液一浓度	R	
	0x10AF			R	
	0x10B0	FLOAT	标液一测量过程值	R	
	0x10B1			R	
	0x10B2	FLOAT	标液二浓度	R	
	0x10B3			R	
	0x10B4	FLOAT	标液二测量过程值	R	
	0x10B5			R	
	0x10B6	FLOAT	标液三浓度	R	
	0x10B7			R	
	0x10B8	FLOAT	标液三测量过程值	R	
	0x10B9			R	
	0x10BA	FLOAT	标液四	R	
	0x10BB			R	
	0x10BC	FLOAT	标液四测量过程值	R	
	0x10BD			R	
	0x10BE	FLOAT	标液五	R	
	0x10BF			R	
	0x10C0	FLOAT	标液五测量过程值	R	
	0x10C1			R	
	0x10C2	FLOAT	线性相关系数（R 或 R^2）	R	R 或 R^2
	0x10C3			R	

名称	寄存器偏移	数据类型	寄存器描述	读写	备注
关键参数	0x10C4	DWORD	试剂余量	R	
	0x10C5			R	
	0x10C6	FLOAT	测量过程值	R	
	0x10C7			R	
	0x10C8	Date	空白校准时间	R	
	0x10C9			R	
	0x10CA			R	
	0x10CB	Date	标样校准时间	R	
	0x10CC			R	
	0x10CD			R	
	0x10CE	FLOAT	检出限值	R	
	0x10CF			R	
	0x10D0	FLOAT	校准系数	R	
	0x10D1				
	0x10D2	WORD[6]	设备序列号	R	
	0x10D3				
	0x10D4				
	0x10D5				
	0x10D6				
	0x10D7				
	0x10D8	FLOAT	二次多项式系数	R	扩展（直线方程时为 0）
	0x10D9				
	0x10DA	FLOAT	空白标定过程值	R	扩展（标定曲线时的空白过程值）
	0x10DB				
	0x10DC	FLOAT	空白校准过程值	R	扩展（空白校准的空白过程值）
	0x10DD				
	0x10DE	FLOAT	标样校准参考值	R	扩展
	0x10DF				
	0x10E0	FLOAT	标样校准过程值	R	扩展
	0x10E1				
	0x10E2	WORD	显色温度	R	扩展
	0x10E3	WORD	显色时间	R	扩展
	……	可扩展			

6.3.4 控制命令区

表 17 控制命令区寄存器定义表

名称	寄存器偏移	数据类型	寄存器描述	读写	备注
控制命令区	0x1200	WORD	控制命令码	W	
	0x1201	BYTE[n]	控制命令参数	W	当控制命令码为时间校准命令时，该字段为 6 字节的 DATE
	……				
	0x12FF				

6.3.5 常规五参数

表 18 常规五参数寄存器定义表

名称	寄存器偏移	数据类型	寄存器描述	读写	备注
关键参数	0x10A0	WORD	测量精度	R	小数位数
	0x10A1	FLOAT	pH 量程下限	R	
	0x10A2				
	0x10A3	FLOAT	pH 量程上限	R	
	0x10A4				
	0x10A5	FLOAT	溶解氧量程下限	R	
	0x10A6				
	0x10A7	FLOAT	溶解氧量程上限	R	
	0x10A8				
	0x10A9	FLOAT	电导率量程下限	R	
	0x10AA				
	0x10AB	FLOAT	电导率量程上限	R	
	0x10AC				
	0x10AD	FLOAT	浊度量量程下限	R	
	0x10AE				
	0x10AF	FLOAT	浊度量量程上限	R	
	0x10B0				
	0x10B1	FLOAT	pH 电极电位	R	
	0x10B2				
	0x10B3	FLOAT	溶解氧电极电位	R	
	0x10B4				
	0x10B5	FLOAT	溶解氧荧光强度	R	溶解氧电极电位或荧光强度
	0x10B6				
	0x10B7	FLOAT	电导率电极电位	R	
	0x10B8				
	0x10B9	FLOAT	浊度散光量	R	
	0x10BA				

名称	寄存器偏移	数据类型	寄存器描述	读写	备注
关键参数	0x10BB	WORD[6]	设备序列号	R	
	0x10BC				
	0x10BD				
	0x10BE				
	0x10BF				
	0x10C0				
	……	可扩展			

6.4 通信报文示例

6.4.1 错误应答报文

表 19 错误应答报文示例表

错误码	错误类型	示例报文
0x01	非法功能	01 83 01 80 f0
0x02	非法数据地址	01 83 02 c0 f1
0x03	非法数据值	01 83 03 01 31
0x04	从站设备故障	01 83 04 40 f3
0x06	从站设备忙	01 83 06 c1 32

注意这里的 0x83 是出错功能码，是请求报文功能码字节最高位取反得到。例如 0x03 出错功能码为 0x83。

6.4.2 数据读取报文

（1）数据读取

请求报文：01 03 10 00 00 10 40 C6

应答报文：01 03 20 52 0B 00 00 00 01 00 00 3F 00 17 01 01 00 00 00 1E B8 3E 85 4E 00 00 00 00 00 00 00 00 00 00 00 78 89

解析过程：

52 0B 00 00 表示因子编码 21003：氨氮

00 01 表示单位：mg/L

00 00 3F 00 表示标样参考浓度：0.5

17 01 01 00 00 00 表示数据时间 2017-01-01 00：00：00

1E B8 3E 85 表示水样测试结果 0.26

4E 00 00 00 00 00 00 00 00 00 00 00 表示标识 N

如果标识为 T，则标识包为：54 00 00 00 00 00 00 00 00 00 00 00

如果标识为 lr，则标识包为：6C 72 00 00 00 00 00 00 00 00 00 00

6.4.3 参数读写报文

表 20 参数读写报文示例表

操作名称	示例报文
读取测量模式	请求报文：01 03 10 81 00 01 D0 E2 应答报文：01 03 02 00 04 B9 87 00 04 表示读取到测量模式是受控模式，接受基站反控命令运行

6.4.4 控制报文

表 21 控制报文示例表

操作名称	示例报文
启动测量	请求报文：01 10 12 00 00 01 02 00 01 55 91 应答报文：01 10 12 00 00 01 04 B1
零点核查	请求报文：01 10 12 00 00 01 02 00 03 D4 50 应答报文：01 10 12 00 00 01 04 B1
跨度核查	请求报文：01 10 12 00 00 01 02 00 04 95 92 应答报文：01 10 12 00 00 01 04 B1
时间校准	请求报文：01 10 12 00 00 04 08 00 0d 17 01 01 00 00 00 6C 73 应答报文：01 10 12 00 00 04 C4 B2 17 01 01 00 00 00 表示设置时间 2017-01-01 00：00：00
设置运行模式	请求报文：01 10 12 00 00 02 04 00 0e 00 04 47 0F 应答报文：01 10 12 00 00 02 44 B0

附录 A
（规范性附录）

1 CRC 生成过程

Modbus CRC16 生成 CRC 的过程为：

将一个 16 位寄存器装入十六进制 FFFF（全 1），将之称作 CRC 寄存器；

将报文的第一个 8 位字节与 16 位 CRC 寄存器的低字节异或，结果置于 CRC 寄存器；

将 CRC 寄存器右移 1 位（向 LSB 方向），MSB 充零，提取并检测 LSB；

（如果 LSB 为 0）：重复步骤 3（另一次移位）；

（如果 LSB 为 1）：对 CRC 寄存器异或多项式值 0xA001（1010 0000 0000 0001）；

重复步骤 3 和 4，直到完成 8 次移位。当作完此操作后，将完成对 8 位字节的完整操作；

对报文中的下一个字节重复步骤 2～5，继续此操作直至所有报文被处理完毕；

CRC 寄存器中的最终内容为 CRC 值；

当放置 CRC 值于报文时，采用大端方式存储，高字节在前，低字节在后。例如，如果 CRC 值为十六进制 0x1241，则第一个字节存放 0x12，第二个字节存放 0x41。

参考实现代码：

```
unsignedshort CRC16（unsigned char *ptr，unsigned intlen）
{
    unsignedshortcrc=0xFFFF;
    unsignedinti，j;
    for（j=0；j<len；j++）
    {
        crc=crc ^*ptr++;
        for（i=0；i<8；i++）
        {
            if（（crc&0x0001） >0）
            {
```

```
            crc=crc>>1;
            crc=crc^ 0xa001;
        }
        else
        {
          crc=crc>>1;
        }
    }
  }
return (crc);
}
```

2 设备序列号生成方式

设备唯一标识，这个标识固化在设备中，用于唯一标识一个设备。

设备序列号由 EPC-96 编码转化的字符串组成，即设备序列号由 24 个 0～9、A～F 的字符组成：

EPC-96 编码结构				
名称	标头	厂商识别代码	对象分类代码	序列号
长度（比特）	8	28	24	36

固化存储方式：以 EPC-96 编码结构存储，占 12 个字节（Byte），上位机提取设备序列号需要转化成字符串，由 24 个 0～9、A～F 组成。

3 留样器通信协议

采用 Modbus RTU 协议，功能定义见表 A-1，寄存器定义见表 A-2。

表 A-1 功能内容定义

分类	名称	描述
状态	分配器位置	获取当前采样瓶号
	留样器状态	—
控制	启动采样泵	—
	停止采样泵	—
	排空	—

表 A-2　寄存器定义

名称	寄存器偏移	数据类型	寄存器描述	备注
启动采样泵	0x0005	WORD	启动采样泵	恒定写 1
停止采样泵	0x0006	WORD	停止采样泵	恒定写 1
排空	0x0007	WORD	排空	写 0～24： 0 代表排所有瓶号 1～24 代表排空瓶号
分配器位置	0x0030	WORD	分配器位置	当前采样瓶号
留样器状态	0x0031	WORD	工作状态	0—正常； 1—自动采样程序运行中

附录 B
（资料性附录）

表 B-1 数据修约表

序号	中文名称	缺省计量单位（浓度）	缺省数据类型（数据修约）	单位编码
1	水温	℃	N3.1	0：标准单位；
2	pH	无量纲	N3.2	0：标准单位；
3	溶解氧	mg/L	N3.2	0：标准单位；
4	浑浊度	NTU	N3.2	0：标准单位；
5	电导率	μS/cm	N3.2	0：标准单位；
6	高锰酸盐指数	mg/L	N3.1	0：标准单位；
7	化学需氧量（COD）	mg/L	N3	0：标准单位；
8	五日生化需氧量（BOD_5）	mg/L	N3.1	0：标准单位；
9	氨氮（NH_3-N）	mg/L	N3.2	0：标准单位；
10	总磷（以 P 计）	mg/L	N3.2	0：标准单位；
11	总氮（湖、库以 N 计）	mg/L	N3.2	0：标准单位；
12	铜	mg/L	N3.5	0：标准单位；
13	锌	mg/L	N3.4	0：标准单位；
14	氟化物（以 F^-计）	mg/L	N3.3	0：标准单位；
15	硒	mg/L	N3.4	0：标准单位；
16	砷	mg/L	N3.4	0：标准单位；
17	汞	mg/L	N3.5	0：标准单位；
18	镉	mg/L	N3.5	0：标准单位；
19	铬	mg/L	N3.3	0：标准单位；
20	六价铬	mg/L	N3.3	0：标准单位；
21	铅	mg/L	N3.5	0：标准单位；
22	氰化物	mg/L	N3.3	0：标准单位；
23	挥发酚	mg/L	N3.4	0：标准单位；
24	石油类	mg/L	N3.2	0：标准单位；
25	阴离子表面活性剂	mg/L	N3.2	0：标准单位；
26	硫化物	mg/L	N3.3	0：标准单位；
27	粪大肠菌群	个/L	N9	0：标准单位；
28	硫酸盐（以 S0 计）	mg/L	N3.2	0：标准单位；
29	氯化物（以 C1 计）	mg/L	N3.2	0：标准单位；

序号	中文名称	缺省计量单位（浓度）	缺省数据类型（数据修约）	单位编码
30	硝酸盐（以N计）	mg/L	N3.2	0：标准单位；
31	铁	mg/L	N3.2	0：标准单位；
32	锰	mg/L	N3.2	0：标准单位；
33	三氯甲烷	mg/L	N3.4	0：标准单位；
34	四氯化碳（四氯甲烷）	mg/L	N3.5	0：标准单位；
35	三溴甲烷	mg/L	N3.3	0：标准单位；
36	二氯甲烷	mg/L	N3.4	0：标准单位；
37	1,2-二氯乙烷	mg/L	N3.4	0：标准单位；
38	环氧氯丙烷	mg/L	N3.2	0：标准单位；
39	氯乙烯	mg/L	N3.3	0：标准单位；
40	1,1-二氯乙烯	mg/L	N3.6	0：标准单位；
41	1,2-二氯乙烯	mg/L	N3.6	0：标准单位；
42	三氯乙烯	mg/L	N3.4	0：标准单位；
43	四氯乙烯	mg/L	N3.4	0：标准单位；
44	氯丁二烯	mg/L	N3.3	0：标准单位；
45	六氯丁二烯	mg/L	N3.5	0：标准单位；
46	苯乙烯	mg/L	N3.2	0：标准单位；
47	甲醛	mg/L	N3.2	0：标准单位；
48	乙醛	mg/L	N3.2	0：标准单位；
49	丙烯醛	mg/L	N3.3	0：标准单位；
50	三氯乙醛	mg/L	N3.3	0：标准单位；
51	苯	mg/L	N3.5	0：标准单位；
52	甲苯	mg/L	N3.3	0：标准单位；
53	乙苯	mg/L	N3.3	0：标准单位；
54	二甲苯①	mg/L	N3.3	0：标准单位；
55	异丙苯	mg/L	N3.4	0：标准单位；
56	氯苯	mg/L	N3.2	0：标准单位；
57	1,2-二氯苯	mg/L	N3.3	0：标准单位；
58	1,4-二氯苯	mg/L	N3.3	0：标准单位；
59	三氯苯②	mg/L	N3.5	0：标准单位；
60	四氯苯③	mg/L	N3.5	0：标准单位；
61	六氯苯	mg/L	N3.5	0：标准单位；
62	硝基苯	mg/L	N3.4	0：标准单位；
63	二硝基苯④	mg/L	N3.1	0：标准单位；
64	2,4-二硝基甲苯	mg/L	N3.4	0：标准单位；

序号	中文名称	缺省计量单位（浓度）	缺省数据类型（数据修约）	单位编码
65	2,4,6-三硝基甲苯	mg/L	N3.1	0：标准单位；
66	硝基氯苯⑤	mg/L	N3.4	0：标准单位；
67	2,4-二硝基氯苯	mg/L	N3.1	0：标准单位；
68	2,4-二氯苯酚	mg/L	N3.4	0：标准单位；
69	2,4,6-三氯苯酚	mg/L	N3.5	0：标准单位；
70	五氯酚	mg/L	N3.6	0：标准单位；
71	苯胺	mg/L	N3.3	0：标准单位；
72	联苯胺	mg/L	N3.4	0：标准单位；
73	丙烯酰胺	mg/L	N3.5	0：标准单位；
74	丙烯腈	mg/L	N3.2	0：标准单位；
75	邻苯二甲酸二丁酯	mg/L	N3.4	0：标准单位；
76	邻苯二甲酸二（2-乙基己基）酯	mg/L	N3.4	0：标准单位；
77	水合肼	mg/L	N3.3	0：标准单位；
78	四乙基铅	mg/L	N3.4	0：标准单位；
79	吡啶	mg/L	N3.3	0：标准单位；
80	松节油	mg/L	N3.2	0：标准单位；
81	苦味酸	mg/L	N3.3	0：标准单位；
82	丁基黄原酸	mg/L	N3.3	0：标准单位；
83	活性氯	mg/L	N3.3	0：标准单位；
84	滴滴涕	mg/L	N3.4	0：标准单位；
85	林丹	mg/L	N3.6	0：标准单位；
86	环氧七氯	mg/L	N3.6	0：标准单位；
87	对硫磷	mg/L	N3.5	0：标准单位；
88	甲基对硫磷	mg/L	N3.5	0：标准单位；
89	马拉硫磷	mg/L	N3.5	0：标准单位；
90	乐果	mg/L	N3.5	0：标准单位；
91	敌敌畏	mg/L	N3.5	0：标准单位；
92	敌百虫	mg/L	N3.6	0：标准单位；
93	内吸磷	mg/L	N3.4	0：标准单位；
94	百菌清	mg/L	N3.4	0：标准单位；
95	甲萘威	mg/L	N3.2	0：标准单位；
96	溴氰菊酯	mg/L	N3.4	0：标准单位；
97	阿特拉津	mg/L		0：标准单位；
98	苯并[*a*]芘	mg/L	N3.6	0：标准单位；
99	甲基汞	mg/L	N3.8	0：标准单位；

序号	中文名称	缺省计量单位（浓度）	缺省数据类型（数据修约）	单位编码
100	多氯联苯⑥	mg/L		0：标准单位；
101	微囊藻毒素—L R	mg/L	N3.5	0：标准单位；
102	黄磷	mg/L	N3.4	0：标准单位；
103	钼	mg/L	N3.5	0：标准单位；
104	钴	mg/L	N3.5	0：标准单位；
105	铍	mg/L	N3.5	0：标准单位；
106	硼	mg/L	N3.2	0：标准单位；
107	锑	mg/L	N3.5	0：标准单位；
108	镍	mg/L	N3.5	0：标准单位；
109	钡	mg/L	N3.5	0：标准单位；
110	钒	mg/L	N3.5	0：标准单位；
111	钛	mg/L	N3.4	0：标准单位；
112	铊	mg/L	N3.6	0：标准单位；
113	总有机碳（TOC）	mg/L	N3.2	0：标准单位；
114	蓝绿藻	mg/L	N3.2	0：标准单位；
115	叶绿素 a	μg/L	N9	0：标准单位；
116	藻密度	万个/L	N9	0：标准单位；
117	总大肠菌群	个/L	N9	0：标准单位；
118	耐热大肠菌群	个/L	N9	0：标准单位；
119	细菌总数	个/L	N9	0：标准单位；
120	大肠埃希氏菌	个/L	N9	0：标准单位；
121	溶解性总固体	mg/L	N4	0：标准单位；
122	亚硝酸盐	mg/L	N2.3	0：标准单位；
123	（正）磷酸盐	mg/L	N3.3	0：标准单位；
124	综合生物毒性（发光菌）	%	N3.3	0：标准单位；
125	综合生物毒性（鱼法）	%	N3.3	0：标准单位；
126	对,间-二甲苯	mg/L	N3.3	0：标准单位；

表 B-2 数据标识表

标识	标识定义	说明	适用范围
N	正常	测量数据正常有效	通用
T	超上限	监测浓度超仪器测量上限	通用
L	超下限	监测浓度超仪器下限或小于检出限	通用
D	仪器故障	仪器故障	通用
F	仪器通信故障	仪器数据采集失败	扩展
B	仪器离线	仪器离线（数据通信正常）	通用

标识	标识定义	说明	适用范围
M	维护调试数据	在线监控（监测）仪器仪表处于维护（调试）期间产生的数据	扩展
lr	缺试剂		扩展
lp	缺纯水		扩展
lw	缺水样		扩展
ls	缺标样		扩展
ra	加标回收	加标回收命令测试数据	扩展
pt	平行样测试	平行样命令测试数据	扩展

表 B-3　单位编码表

编码	单位
0	μg/L
1	mg/L
2	ppm
3	mg/m^3
4	cm
5	ppb
6	$\mu g/m^3$
7	%
8	nmol/mol
9	μmol/mol
10	MPN/L
11	MPN/100 ml
12	ng/m^3
13	NTU
14	无量纲
15	ms/cm
16	μS/cm
17	℃